麻辣心理学

金圣荣◎编著

中国文联出版社

图书在版编目（CIP）数据

麻辣心理学 / 金圣荣编著 . -- 北京：中国文联出
版社，2019.5（2023.3 重印）
ISBN 978 - 7 - 5190 - 4077 - 2

Ⅰ.①麻… Ⅱ.①金… Ⅲ.①心理学—通俗读物
Ⅳ.①B84 - 49

中国版本图书馆 CIP 数据核字（2019）第 043199 号

编　　著　金圣荣
责任编辑　闫　洁
责任校对　李海慧
装帧设计　中联华文

出版发行　中国文联出版社有限公司
地　　址　北京市朝阳区农展馆南里 10 号　　　邮编　100125
电　　话　010 - 85923025（发行部）　　　85923091（总编室）
经　　销　全国新华书店等
印　　刷　三河市华东印刷有限公司

开　　本　710 毫米×1000 毫米　　1/16
印　　张　15
字　　数　212 千字
版　　次　2023 年 3 月第 1 版第 2 次印刷
定　　价　78.00 元

前　言

　　麻辣心理学所探究的是人们不同程度和不同种类的心理异常，研究不同人群的心理成长与心理发展。本书将生活中的案例和心理学原理结合在一起，通俗易懂，让大家可以通过人们的行为活动更加深入地了解他们深层的心理状态。当你打开这本书，也许就能发现那些你熟悉的人不为人知的一面，了解人类心理背后所隐藏的那些无穷无尽的奥秘。

　　你身边是不是有人总是做出一些奇奇怪怪的举动？是不是有人有时会突然性情大变，仿佛变成了另外一个人？

　　对于多重人格的人，我们往往会觉得他"看起来有些不正常"，那么你知道一个患有多重人格障碍的人能拥有多少种不同的人格吗？这类患者各自的表现又是怎样的呢？多重人格为什么会看起来那么诡异？为什么会经常有失忆现象？他们为什么会拥有多重人格？

　　人格分裂意味着一个人的精神世界崩塌了，可以说这是一种很严重的心理障碍。这类患者的世界与我们的日常生活是脱节的吗？他们会出现幻觉，那么他们是否可以分清现实与妄想，还是直接把一切都当做是真的？

　　死亡是一件可怕的事情，人一旦走向死亡就什么都没有了，但是自杀者似乎对此并不在意，仿佛死亡会让他们更加快乐一样。有人说，人之所以自杀是因为他的潜意识里有尚未处理的愤怒；有人说，在自杀者看来，活着是一种恐惧，就像是正常人对于死亡也存在恐惧一样；也有人说，人会选择死亡，是为了保护自己，并不是在伤害自己。这些似乎都有道理，那么，事实究竟是怎样的呢？

对于怪癖，我们没有一个确切的定义，有些怪癖没有什么特殊之处，有些却让人难以理解。我们在日常生活中也许会遇到这样一些人，他们有着异装行为，并且在心里认为自己是异性，甚至在言谈举止上都会模仿异性；或许我们还会遇到一些人，明明工作很好，生活也很富足，却偏偏喜欢偷窃；还有些人从小到大就喜欢收集东西，比如好看的橡皮、信纸、笔记本、小工艺品等等。这些怪异的行为到底为何发生？

每个人都或多或少会有情绪困扰，情绪伴随着人的一生，它对于人类而言非常重要，而情绪的出现势必会对我们产生影响，所以如何管理情绪就显得十分重要。你知道如何通过一个人的反应看出他的情绪吗？你知道一个人能够同时表现出好几种不同的情绪吗？

现如今，因患抑郁症而结束自己生命的大有人在，抑郁症正在困扰着整个社会，但是患有抑郁症的人就一定会神情沮丧、郁郁寡欢吗？你知道那些看起来活泼开朗的人，其实也有很多正在被抑郁症所困扰吗？你知道那明媚的笑容背后隐藏的是什么吗？

你喜欢去 KTV 唱歌吗？从 KTV 唱歌的表现之中，我们可以推测出一个人的性格，这一点你是否知道？

野心是一个人心中对于某样事物的强烈渴望。经常有人说"这不是你能瞎想的，快收起你的野心吧"、"这人一看就野心勃勃"之类的话，野心几乎成了一个贬义词。可是后来，成功人士却说"你之所以这么穷，就是因为你没有野心"。那么，野心究竟是怎样的呢？

每个人多多少少都会有自恋心理，那么自恋型人格与一般意义上的自恋之间有什么不同之处呢？你知道你最喜欢的人和最讨厌的人身上都有自己的影子吗？

有些人总是要将床单收拾得不见一点褶皱，把房间收拾得干干净净、一尘不染，地板上不能见到一根掉落的头发……为了保持屋内的整洁，这些人每天都进行着繁杂的家务劳动。想一想，你是不是也会因为觉得自己的手上不干净而反反复复洗手？你是不是会在出门以后，觉得水龙头没关，哪怕已经走出很远了，也必须回去检查？这些都是强迫症的症状，却分属不同类型。

当今社会压力太大，每个人都承受着焦虑，这一点在所难免。焦虑作为一种心理障碍，有着多种多样的表现，而它又与强迫症存在着千丝万缕的联系。

人人都盼望自己可以吃得香睡得好，可是偏偏有一部分人连这些基本的生理需求都无法得到满足。失眠是一种令人几乎无法承受的痛楚，那你知道有些人是因为强迫症才失眠的吗？还有一部分人喜欢疯狂购物，看到什么都想买，你知道这其中的原由吗？有的人总是喜欢暴饮暴食，这又是为什么呢？

你身边一定会有这样一类人，他们总是为了其他人的事情而忙碌，早上帮这个买早餐，下午帮那个取快递，下了班还要帮同事接孩子，他们看起来是助人为乐的典型，也是大家遇到困难以后第一个会想到的人，他们是大家口中的"老好人"。那么，老好人是只比好人多了一个字而已吗？你知道这两者之间有什么差异吗？

也许你会遇到这样一种情况：路上有人摔伤了，四周的人也很多，但是没有人走上前去帮忙。这样的情形被好事者拍下来发到了网上后，引起一片热议，有人还就此调侃道："在这世界上，最冷漠的一种人是路人，最热心的一种人是网友啊！"那路人的视而不见和冷漠，真的就是社会道德的沦丧吗？你认为是这个社会太冷漠，还是集体失去了助人意识？

每一个患有自闭症的儿童都是特殊的，有许多人或许会认为患有自闭症的都是孩子，但事实上，成年人也会患上自闭症。对于成年自闭症患者而言，他们所要面临的处境会更加艰难，无论是自身家庭的无助，还是社会的冷漠，都无法给他们一个美好的未来。所有成年自闭症患者的家长都有这样的担忧："如果我不在了，那我的孩子应该怎么办？"他们连自身的生活和生存问题都无法妥善解决，自然无法在这个社会安身立命，那他们的未来又会何去何从呢？

当读完这本书，你会得到这些问题的答案，同时你还会发现，那些被称为"疯子"、"变态"、"神经病"的人，也只不过是一些被命运枷锁困住的可怜人罢了。

人能够逃避的事情有很多，但是心理问题却是不能逃避的。数不清的案例证明了一点，这些心理问题会在不知不觉中影响人们的思维方式和行为习惯，并且愈演愈烈。我们的生活就像是一场心理上的博弈，只有心理强大的人才能让自己立于不败之地。

目 录

Chapter 03　明明没有厌世，为何一再憧憬死亡？

　　——自杀心理分析

Chapter 04　变态横行的世界，如何证明你不是神经病？

　　——怪癖行为分析

Chapter 05　学会向自己失控的情绪道歉
　　　　　　　——自我情绪分析

Chapter 06　心理学揭露的不是尔的本性，而是在放大你的野性
　　　　　　　——野心心理分析

Chapter 10　善恶之间隔着人性，梦中人其实是你自己的影子
　　　　　　　——影子心理分析

Chapter 11　老实人心里住着一尊佛，压着一个魔
　　　　　　　——好人心理分析

Chapter 01

你内心最害怕什么？分析
出你性格中的阴暗面

——人格心理分析

我们都是戴着面具的人，时而展现出火辣的一面，时而沉着冷静，这些表现出来的不同气质，或许是他人眼中的别样魅力。像"辣妹子"是性格直爽、脾气火爆的代名词，她们的言行举止中都透露着火辣，总是给人一种性格泼辣、为人直爽的感觉，或许她们也有未曾表现出来的另一面，正所谓"人心不同，各有其面"。

　　每个人都是独特的，就像对麻辣的喜爱程度各有不同。人作为一个独立个体，除了遗传因素外，还会受到不同环境、教育等因素的影响，进而养成了与众不同的"麻辣"人格。但是这些"麻辣"的人格，在心理特点上既相似又有不同，通过本章，你可以领略到不同人格的麻辣人生。

挤在"小房间"里的话剧"大舞台"

1977年，美国俄亥俄州发生了数起强奸案，警察经过严密侦查，终于抓到了犯罪嫌疑人比利·密雷根。可令警察没有想到的是，比利并不知道自己曾经做下的案件，他否认了所有指控，并最终获得了法院的无罪开释。

这听起来有些匪夷所思，究其原因，原来比利患有多重人格的精神疾病，犯下多起案件的是他身体中的一个人格。当警察将比利抓捕归案的时候，犯下罪行的人格便会隐藏起来，由别的人格来使用身体，所以警察面对的就是一无所知的无辜比利。

之后，无罪的比利被送往疗养院，医生们组成专家团队对比利进行会诊，最后得出结论：比利的身体中存在23种人格，加上他的主人格就是24个，简直就是人满为患。美国作家丹尼尔·凯斯通过比利的事迹改写了一部小说——《24个比利》，在这部小说中，他将比利所有的人格进行了整理和介绍，为我们展现了这24个人格在同一个身体中所上演的各自的故事。

24个人格把身体当成一所大房子，他们都拥有一套单独的房间，"大房子"中有一个大型客厅，客厅中央有一个舞台，每一个想要掌控身体的人格只要登上这个舞台就能够对身体行使使用权。他们就像一个个房客，聚集在一处旅馆之中，为了保证房客之间不会因为分配不均而产生争吵，这栋房子便出现了两个管理者，他们是比利的两个不同人格。其中一个形同英国绅士，说着一口英式英语，虽然年纪轻轻，为人却非常冷静、理性，他自学了物理和化学，还能讲一口流利的阿拉伯语。不过这个人格也存在一定的缺陷，他虽然是个年轻人，却非常顽固，思想也很保守，而且是个无神论者，没有任何信仰。他是第一个发现其他人格的人，因此成为了管理者，并且还有权利决定哪一个人格在什么时间来支配身体。

另一个作为管理者的人格是协助者，每当"大房子"里出现暴力的时候，这个人格便会出现并进行武力压制。这个人格存在强烈的仇恨心理，该人格出现于比利被继父施虐、心中产生憎恨但无能为力的时候，每当比利受到伤害时，他就会出现并进行反击。这个仇恨型人格拥有强壮的体魄，精通各种枪支武器，性格暴躁。在他支配身体时，比利曾吸毒并有过犯罪行为。

每个房间都要对外建立联系，因此一个专门对外的人格出现了，他是个小骗子，他的人生哲学就是能混一天是一天，根本不管第二天怎么生活。不过他很有艺术天赋，精通架子鼓，还会画肖像，他是这24个人格中唯一一个吸烟的人格，在情感上他很亲近比利的妈妈。

另一位女性人格精通家务，会烹饪、会写诗歌，不过她有些内向、害羞。

其中同时还存在帮助比利逃避伤害的人格，有的人格会为比利承担痛苦记忆，帮助他发泄心中痛苦；有的人格会出现在比利受到责骂的时候，因为这个人格天生耳聋；有的人格承载了比利对生父所有的向往和爱，这个人格如比利的生父一般，是23个非主人格中唯一有信仰的人格，他总是在比利无法承受来自生活的重压时站出来，通过宗教使比利的心灵得到安宁。

其余的非主人格都是不被欢迎的，或者说他们性格上都存在缺陷，因此非主人格的管理者便极少安排他们出现。他们的性格要么懒散，要么敏感，要么还是三四岁的小孩子，所以就被安排在房间里自行生活。

对于人格分裂症患者，他的主人格和非主人格在性格上是各不相同的，在身份、国籍、种族、学识还有身体特征上也都存在一定差异，就连声音都是不同的。其中甚至还出现了男性身体里有女性的人格，或者女性身体里有男性的人格，这些人格会按照自己的性别选择恋人，这就造成了他们在性取向上的差异。不过，如果这些非主人格控制身体时犯下了罪行，就如比利一般，

4

他的主人格在沉睡的时候，其中一个人格接管了他的身体并出去犯下了多起强奸案，最后却被无罪释放，这样的判决是否合理？他本人又是否需要为这些案件负责呢？

诊断一个人是否患上多重人格分裂症主要通过两种方法，一种是DSM-IV分离性障碍的结构性临床访谈，这种诊断方法是心理医生经常使用的方法，它的临床访谈有277个题目，这些题目就是用来确定病人是否患有多重人格分裂症，并用来诊断病人的人格分裂症属于哪一种。人格分裂症的表现主要有：经常会忘记自己曾经有一段时间做过什么，如同头痛过后失去了一段记忆，感受不到现实，活在属于自己编造的虚幻空间中，对现实的感应消失不见；身份认同混乱；身份交替以及人格分解。当然，为了弄清楚发生这些症状的原因，医生还会深入地了解病人的生活经历，以及在发病前是否经历过重大的精神刺激等等。

另一种诊断方法是分离性障碍访谈表，这个访谈表上有132个是非题供患者来回答，以此来判断患者属于哪一种的人格分裂。分离性障碍也叫癔症性精神障碍，癔症病发的时候就会表现出这种精神分裂的状况，主要表现为身份识别障碍，记忆被丢失、被遗忘，或者是受到刺激时，为了保护自己而将记忆进行分离等。

由此可知，要对多重人格分裂进行正确诊断是非常繁琐的，需要很长时间的分析和判断，才能最终确定病人是否患此疾病。这为一些别有用心的不法分子提供了"钻空子"的机会，有人刻意假装自己患有多重人格分裂症，企图以此来逃避法律的制裁。

对于这种"钻空子"行为，精神科和心理医生能够将这些穿上伪装外衣的不法之徒找出来吗？美国曾发生10起女性被奸杀的案件，嫌犯是洛杉矶山区的肯尼思·比安奇，人称"山坡绞杀者"。虽然嫌犯已被逮捕归案，但是审讯并不顺利，当时肯尼思·比安奇的第二个人格突然出现，并对警方诉说了自己杀害那些女性的过程，承认了所有的罪行。

这突如其来的第二人格的出现，导致案件无法正常开展，警方为了确定肯尼思·比安奇是否真的患有多重人格分裂症，就向很多精神科领域的专家和心理学专家寻求帮助，请他们对肯尼思·比安奇进行精神评估和诊断。通过诊断，肯尼思·比安奇被确诊为多重人格分裂症，这代表着他将被无罪释放。但是警察们又怎么甘心将这个残忍的杀人犯放走？他们再度请来了一位更权威的精神科专家马丁·奥恩，经过这位专家的诊断，确定肯尼思·比安奇并没有患多重人格分裂症，他身体中也没有另外的人格，警察最终将这个恶魔关入了监狱。肯尼思·比安奇通过自己精湛的演技骗过了除马丁·奥恩以外所有为他诊断的专家，但是天网恢恢疏而不漏，他依旧要为自己所犯下的恶行付出代价。

扒出体内的"小社会"

多重人格分裂症的来源正是我们人类的潜意识，正如心理学者所说，世界上患有心理疾病的人，都是因为他们的潜意识出现了问题。意识存在于我们的身体中，我们的身体之于意识像极了一个很容易被掌控的提线娃娃，而庞大又飘忽不定的潜意识并不是我们所能够掌控的，一旦它们发生了任何变故，我们就只能坐以待毙。现代社会中，心理医生对人们进行精神分析来确定病人是否患上了人格分裂，其实就是在诊断和分析潜意识。

人格分裂于现实生活中并不常见，人们对它的认知途径大多是一些外国电影。例如二十世纪六七十年代在美国上映的《惊魂记》，这部电影就是围绕一个具有双重人格的旅馆老板展开的。不过那时还没有人格分裂的概念，人们只是把它简单地归结为普通的精神疾病，知道的人也非常少。但是随着社会和心理学的发展，人格分裂被用作电影题材，广泛地呈现在了大众眼前，使大众对其有了一些明确的认知。

美国电影《24个比利》讲述了一个人的身体中除了他的主人格以外，还存在着其他二十三个人格。而这些人格在性格、年龄甚至是性别上都相差甚远，有的聪明且精通艺术，有的暴力且智商普通。被这些人格支配的身体会像普通人一样生活，区别就在于这些人格都生活在一个人的身体中，组成了属于他们自己的"小社会"，有着各自的生活。

美国电视剧《犯罪心理》讲述了众多患有人格分裂的人，因为他们身体中的另外一个人格拥有暴力倾向或血腥残忍的性格而成为犯罪者。这些剧情和演员对人格分裂的各种表现都把握得非常精准，使观众对精神科或者心理学产生了浓厚的兴趣。于是，一系列的疑问成为大众探寻研究的方向，想要更进一步了解什么是人格分裂？患有人格分裂的病人又有什么临床反应？是否如美国影视剧所演绎的一样，充满血腥暴力？主人格是否真的对其他人格所犯下的罪行一无所知？

人格分裂除了解离性人格疾患以及人格分裂这两个学名以外，还有一个更加陌生的名字——"分离性身份识别障碍"（Dissociative Identity Disorder，简称DID）。心理学上的解释就是患者存在多个人格，并且这些人格不知道彼此的存在，也无法正常地对自己的真实身份进行准确叙述。通俗地说，就是人格在分开后就不认识自己了。我们可以将身体外表当作一个外壳，用来盛放人类的内在人格，人格分裂就相当于在这一个人体容器中盛放了多个人格，这些人格都有对身体的使用权，当然他们不是同时使用，而是一个一个轮流使用身体，彼此之间没有冲突。虽然他们已经将人体支配权的时间分配好，但是每个人格之间并不相识，各自独立。

"身体"是人格暂时生活的载体，我们在对镜梳妆的时候，镜子中的样貌就是这个外壳的外在形象。"人格"是一个人日常的行为习惯、讲话方式，还有细节上的各种小习惯等等。这就像每天走路时发出的声音，这个声音因为自己的行走习惯而与别人不一样，在家里等待的父母听到楼道里传来的走路声音，便能听声识人。父母仅凭声音就能够分辨出自己孩子的脚步声，是因为每个人在走路的时候有轻重缓急的分别，同样的，走路习惯的不同也会带来声音的不同，这个是独属于你的脚步声，也是你"人格"的一部分。未见其人，先闻其声，通过音色或脚步声分辨人物身份便是这个道理。也就是说，存在于身体中的人格就是一种独属于我们自己的气质，它包含了我们的气息、性格以及日常生活中的生活习惯和处事方法等等，具有别人永远也不可能模仿的独特气质。

这些"我"到底是怎么来的？

人们对人格分裂只是做了简单的了解，还不是很清楚人格分裂病症在发病时会有怎样的表现，以及非主人格是如何形成的。为了对人格分裂有一个更为直观的认识，我们来介绍一个案例。

主人公哈里是一位而立之年的黑人，他除了头部经常疼痛之外没有其他的病症，只是这种头痛不是吃两片止痛药就能好的，一旦头痛起来就会疼很久，更可怕的是，他从不记得自己在头痛的时候做过什么。终于在又一次头痛过后，他前往医院进行诊治。哈里怀疑自己的精神出了问题，因为在头痛过后，身边的人总会向他讲述他头痛时所做的事情，可他对此却一无所知，这使他感到后怕。

根据身边人的讲述，哈里在头痛时，曾经跑到外面跟一群人打架，更是在打架过程中杀死了无辜的路人，警察赶到并准备逮捕他的时候，他逃跑了；他还拿着家里的猎枪追逐自己的妻子和5岁的儿子，虽然最后被人制服，但是哈里差点射杀了他们；他甚至还将在河边玩耍的小女孩扔入湍急的河水中，使小女孩溺水身亡，而他自己也在与那些抓捕他的人发生冲突时不小心掉进水中，被冲走将近千米。回到家中后，第二天醒来的他还很好奇自己身上为什么是湿的，完全不记得自己曾经做过什么。

医院的检查结果出来了，哈里在头痛时，身体里出现了三个不同的人格，并且他们还给自己起了名字，这三个人格分别是冷静自制的人格、内向害羞的人格和残忍暴躁的人格。这三个人格的性格、行为习惯、说话方式有着非常大的不同，如果不是使用同一身体，医生会将他们当作截然不同的人。经过医生与三个人格的分别沟通，他了解到了这三个人格的真实性格。

冷静自制的人格性格特点是冷静聪明又自负，他有时很傲慢，有时又非常彬彬有礼，他能够很好地控制局面，善于隐藏自己的情绪，不会让别人对自己感到反感；内向害羞的人格性格比较害羞，反应有些迟缓，大部分时间会安静地待在一个角落，默默地做自己的事情，完全没有存在感；残忍暴躁的人格是最可怕的人格，他毫无基本的做人准则，在他眼中，别人的生命就如同娱乐的玩具，他的心中存在着血腥和暴力，只要是看不顺眼的人，就会用极为残忍的手段来对待，而且杀人后没有任何的负罪感和愧疚感。他的脾气也相当狂躁，动辄便会大发雷霆，将他能够碰得到的东西打坏来发泄自己的不满，或者试图伤害那些在他身边的医生、护士来发泄自己的情绪，行为举止如同一个暴徒。

在哈里身体中有这么多的人格，作为主人格的他却对与自己"同居"的兄弟们一无所知，甚至从来都没有发现他们，但是这些人格却非常想要占据哈里的身体成为主人。

心理医生对在哈里身体中存在的其他三个人格非常感兴趣，他们对哈里进行治疗和分析，得到了其他三个人格形成的原因。

冷静自制的人格第一次出现在哈里10岁的时候，哈里亲眼目睹了自己母亲杀死了年幼的弟弟，他的父亲知道后，又亲手打死了他的母亲，哈里为了保护自己不受到情感上的伤害，就不自觉地牵引出冷静自制的人格代替自己。

内向害羞的人格是因为哈里母亲在世时喜欢女孩子，但是她本人并没有女儿，所以便将哈里打扮成小女孩，给他穿裙子、梳辫子，哈里本人不敢反抗，只能消极对待，但哈里又无法面对自己被打扮成女孩子的样子，所以安静害羞的人格就在这时登场了。

残忍暴躁的人格出现在哈里的青春期，他曾遭受到来自学校白人同学的羞辱，他们脱光了哈里的衣服，把他捆绑在篮球场上，肆无忌惮地嘲笑和殴打他，在这个过程中，残忍暴躁的人格出现了。这个人格在与医生谈话的时候表示，他出现是因为想要保护哈里，同时要去报复那些曾经伤害过哈里的白人，让他们也承受哈里的痛苦。

一个人身体中存在多个人格，这听起来像是一件很有趣的事情，但患有人格分裂的病人却不这样认为。这是一种病态，很多人穷极一生都无法消灭其他非主人格，只能每日活在困惑和不解中。那么这些"我"到底是怎么形成的呢？或者说这种心理疾病是怎么产生的？

在人格分裂中，除了受到精神创伤产生应激反应，造成病人出现人格分裂的情况外，还存在其他原因。举例来说，1991年爆发了克罗地亚战争，当时有很多难民并没有在战争初期就逃离家园，他们在自己的居所生活了一段时间，每天都面临敌方的飞机轰炸，惶惶不可终日。一个少女在这样的战争环境下，亲眼目睹自己所有的亲人被炸弹炸死，在极度悲痛和绝望中，她开始拒绝接受现实，并在潜意识中疯狂幻想她的亲人还活着。这个时候，她的身体中便分裂出了多个人格，以帮助她逃离现实。由此可知，战争和其他的非精神刺激——例如生活和情感的压抑也可以给人们在心理上带来痛苦，从而造成精神上不可磨灭的伤害。此外，人类的遗传基因也是能够引起人格分裂的一个原因。

人格分裂大部分是在经历了非常严重的精神和身体伤害后才形成的，是遭遇创伤后的应激障碍。那么这种创伤后应激障碍一定会造成人格分裂吗？

在现实生活中，有很大一部分人非常容易受到来自他人的心理暗示，但另一部分人对心理暗示则是无动于衷的。这两种人就像是地球的两极，剩下的人对于心理暗示来说是处在中间位置的，相当于站在地球的赤道上。

容易接受别人心理暗示的人在获得安慰后，很快便可以将一部分自己从悲伤和绝望中剥离出来，但是有一部分人格却会永久沉浸在痛苦的情感中无法自拔。这个时候，他们的人格就会从原来的一个人格，分裂成多重人格。另外一部分对心理暗示无动于衷的人没有办法将自己的人格进行分裂，就只能接受这种应激障碍。

当然，并不是所有受到重大精神和身体伤害的人都会患上人格分裂或者应激障碍，从某种意义上来说，应激障碍实则是心理上的自我保护。

通过相关学者对人格分裂的原因的研究，得到了一项证明：在生理和身体上对待情感比较脆弱，且没有办法正视生活或者面对外部世界所带来的剧烈冲击，只能通过逃避来解决问题的人患上人格分裂的几率是非常高的，而有些人即便经历了人生的大起大落和情感上的极度悲痛等精神创伤，也不会产生人格分裂的情况。

经过对创伤后应激障碍的研究，学者们形成了一种观点：多重人格的产生就是受到精神伤害的人把自己的人格进行分裂，分裂出来的非主人格承受精神上的痛苦，而主人格就可以安然无恙地度过情感危机，这种分裂过程就是一种自我保护机制。在分裂过程中，受到伤害的人将这段精神创伤的记忆从意识中剥离出来，使之与主人格隔离。这个过程是受害者的无意识行为，这段创伤记忆便被转移到非主人格中。

研究发现，多重人格患者对自己所处的环境普遍自得其乐，不会感到不适。因为外部环境的刺激才会导致多重人格的产生，每一个形成的非主人格都是在受到精神创伤的情况下采取的自我保护机制。非主人格对身体控制权采取的是所面对的外部环境与哪一个人格相适应，就由哪一个人格来使用身体的原则。换言之，多重人格就是通过身体中人格的不断变换来适应外部环境的一种心理现象。

多重人格：哪一个人格在掌控身体？

在面对主人格和身体中的非主人格时，我们是如何进行辨别的？或者说，我们是如何将控制身体的所有不同人格区别开的？

现在，我们对心理学中的主人格和非主人格进行介绍，以便帮助人们更加准确地了解什么是多重人格。美国的精神病学家沙利文认为，人们在日常生活交往中，与周围的人进行交际，并形成交际圈，这种交际圈是固定的，并且持续的时间非常长。人们在人际交往时所形成的行为习惯，会存在于这个交际圈内且不会改变，有多少交际圈就会有多少种人格。

也就是说，我们人类的人格本来就是多种多样的，而且这些人格还可以被分割成一个个的小单位，而最后的主人格，或者说最终在我们所有人格中占有支配地位的人格，就是由其他的部分人格组成的。但我们身体中有那么多的人格，哪个才是有支配地位的主人格呢？在主人格中所具有的独特的气质和高度的辨识度又是什么呢？又能不能帮助我们辨别出身体中的不同人格呢？就如在《简爱》中的简，她自尊自爱，可是又自卑，这些就是她的主人格气质，她的自尊自爱建立在她的自卑之上，只有用极度的自尊才能够保护自己不受他人的攻击和伤害。正因为这样的独特气质，她才能成为罗伯斯特心中的简。

我们的主人格融合了很多不同的气质，这些气质中，有在主人格中占有绝对地位的主要气质，并成为我们主人格的气质，通过这个气质，我们便可以将自己与别人区分开来。每个人的人格都由几个气质围绕在主气质周围，我们在日常生活中的各种行为习惯就是主气质在行使自己的支配权，也就是主人格支配着我们的身体。

主人格是我们与生俱来就拥有的，它随着我们的成长慢慢定型，而非主人格是当我们遇到无法面对的生活或刺激时才会出现的，即受到外部环境的影响才会促成其他人格的形成。

所以现在我们应该明白，上文中出现的哈里的主人格就是日常生活中的那一个，而其他的都是非主人格，这些非主人格的出现是因为他无法面对生活带给他的种种不幸：他的母亲杀死了弟弟，父亲又杀死了母亲，这样的痛苦和震惊是他所无法正视的，也就造就了其他人格的出现。

非主人格出现的时机都是在主人格感到无助、悲伤、绝望和焦虑的时候，倘若主人格恰逢受到刺激或是沉睡、不愿意面对现实，非主人格就会取得身体的支配权，指挥身体做出主人格在日常中不会去做的一些事情，甚至肆意妄为。当然，也存在着非主人格安静地在其所臆想出来的交际圈内进行正常生活的情况。

哈里有一个非主人格非常暴力，且对他人心存敌意，他的身体非常强悍，而主人格却是一个胆小怯懦的人，别人欺负他，他也不敢反抗。所以当哈里没有办法面对暴力时，这个暴力人格就来支配身体，进行反抗和报复。哈里面对母亲不能反抗，只能消极对待，这个时候，内向害羞的人格就帮助哈里去面对，他占据了身体的支配权，安静地任由母亲打扮自己。所以只有在强烈刺激或特殊情况下，其他的人格才会出现，并支配人们的身体。这些非主人格跟主人格的性格和做事方法往往存在巨大差异，甚至是南辕北辙。

非主人格大多具有攻击性，只要有不高兴的事情出现，就会攻击身边的人。在非主人格中，还会出现一个气场强大的人格，他在面对任何人格时，都会利用自己的优势占据其他非主人格支配身体的时间，甚至将其他非主人格在什么时间支配身体都进行了很好的分配。这种气场强大的人格能够掌控除了主人格之外的其他非主人格，并且会在自己感觉不是很好的时候自行再度分出其他人格。

在哈里的非主人格里，谁是那个能够给其他人格分配时间的人格呢？也许是冷静自制的人格，他非常聪明，在面对感情时也非常地克制；也许是残忍暴力的人格，毕竟他非常强悍，有很强的攻击性，能够压制其他的人格，并且经常得到哈里身体的使用权。不，这些都不是，真正能够完全掌管身体的是哈里自己，他还有着身体的支配权，也只有他才能分配哪个人格在什么时间可以使用身体。

也许会有人问，怎么是哈里？因为毕竟只有在他头痛的时候，其他人格才会登场，其他人格离开后，哈里才会再度拥有身体的使用权，他在这期间是没有记忆的。但之所以说哈里自己才是支配者，源于前文讲述的一些事例细节：三种人格出现在哈里身体中的时间或时机是由哈里本人决定的，甚至他们出现后所要面对的情况也是由哈里来决定的。在哈里没有办法面对亲人杀死亲人的局面时，冷静自制的人格出现了；在面对校园暴力时，残忍暴力的人格出现了。所以，所有非主人格的出现都是由主人格来决定的。在哈里感到生活烦闷、焦躁、不安的时候，其他的人格就被放出来，让他们接管身体，将自己心中所有的情绪发泄出去。

哈里掌握着非主人格出现的时间，这便说明他应该知道冷静自制、内向害羞还有残忍暴力三个非主人格的存在。但哈里并不记得非主人格的经历，只能听身边的朋友和妻子对自己诉说，从哈里的表现我们得出了结论，哈里对自己的非主人格并不知情。那其他三个人格呢？他们知道对方的存在吗？

在哈里的事例中，我们了解到了多重人格患者主人格的支配作用，也许病人本人没有意识到，但是在潜意识中，他就是真正的幕后支配者。

主人格与非主人格能否和平相处

    哈里的事例只是一个普通的人格分裂案例，代表了大部分该类患者的情况，而人格分裂的病症并不仅限于此。哈里的非主人格并没有要剥夺和代替主人格的想法和行为，其他病例中的人格似乎就没有那么爱好和平了，他们彼此抢夺身体的控制权，希望自己能够成为身体的真正主人。

    在美国，曾经出现过一个令人震惊的案例——身体的主人格并不知道自己存在非主人格，但其他两个人格却知道彼此的存在，甚至了解对方和主人格的一举一动。这三个人格中，主人格与其中一个人格的性格完全相反。案例的女主角名为艾玛，是一个典型的家庭主妇，温柔和顺，做事仔细认真，但有一点小小的害羞和怯懦，尤其是在面对丈夫杰克的时候。杰克说什么，艾玛就会去做什么，她从来没有违背过丈夫的话，是一个普通的贤惠妻子，这就是艾玛的主人格。不过到了晚上，艾玛的另外一个人格就会出现，并且取得身体的控制权，她对艾玛的主人格非常不屑一顾，甚至可以说是轻视的。这个非主人格的性格与艾玛完全相反，她可不是贤良淑德的好妻子，而是会为自己画上浓妆，穿着暴露、举止轻佻，甚至公然与别的男士亲吻，并经常流连于酒吧，以引诱有妇之夫作为自己生活的乐趣。对于这些事情，艾玛是一无所知的，她的主人格依旧每天做着好妻子与好妈妈，她的丈夫也没有发现自己的妻子有什么问题，直到艾玛的第三个人格取得身体的控制权。这个人格是一位男士，他知道第二个非主人格干的所有事情，他在支配身体的时候，经常大肆地嘲笑杰克，并虐杀了家中养的宠物狗，还试图攻击杰克与艾玛的孩子。这个时候，杰克才意识到自己的妻子生病了，并将她送往医院。

    这三个人格在艾玛的身体中彼此对抗，你争我抢，每个人格都想要独占身体，但是又都没有成功，只有在一方虚弱的时候，气场强大的人格才能找准时机掌握身体控制权。但等到其他人格强大起来后，又会发生新一轮的争夺，身体也会随着掌握控制权的人格展现出不同的行为习惯。

由此可知，主人格也许并不知道自己身体里存在着非主人格，但是非主人格对主人格或者是其他非主人格却有一定的了解，并且知道主人格或其他非主人格在控制身体的时候做了什么。这些非主人格存在一定的野心，为了能够得到身体的掌控权以及扼杀其他人格，某些非主人格就像是一头豹子，躲在隐蔽的地方观察着对手，时刻准备一击必中，成为身体的真正主人。

因此，不是所有的非主人格都是和平主义者，他们为了能够永久地成为身体的主人，会与所有的人格展开博斗，这是多重人格患者所展现出来的又一症状。

主人格一旦在争夺战中失败，是否会就此消失？其实不然，他会沉睡在身体中，由非主人格主导身体，除非出现刺激条件将主人格唤醒，否则主人格将永远沉睡，这就等同于被非主人格杀死。

美国影视剧《犯罪心理》中有这样一个故事，生活在佛罗里达州的埃里克是一个内向害羞的男孩子，他是一家旅店的服务生，负责在顾客走后将房间打扫干净。埃里克还是幼童时，经常受到继父的殴打和虐待，除了母亲没有人能够保护他。但是母亲在他还没有成年的时候就去世了，因此他长期生活在继父的虐待中。就在这时，埃里克的身体中出现了另一个人格，她是一位强大的女性，就如他的母亲一般保护他。不过这个人格为了发泄自己对男人的仇恨，就利用埃里克在旅店工作的便捷，穿上自己从旅店经理那里偷来的女士衣服，对来佛罗里达州黄金海岸旅游的男大学生进行勾引，并与他们一起回到旅馆的房间，在房间内折磨并杀害他们。之后她便回到宿舍换下衣服，并将身体控制权交给埃里克的主人格。埃里克对自己非主人格的杀人行为并不知情，这时他会接到前台让他去打扫房间的要求，然后他就发现了那些男大学生的尸体。原来，埃里克的非主人格在杀人后就为这些人报了退房，让埃里克的主人格将房间内的痕迹在无意识中全部打扫干净，同时留下埃里克本人的指纹以混淆警方，使得警方没有办法通过指纹或者DNA来确定嫌犯。

虽然非主人格的罪行暴露了，但是旨在保护埃里克的非主人格并不想让埃里克面对警察的盘问以及即将到来的牢狱之灾，于是，她将埃里克的身体彻底占为己有，而埃里克的主人格则陷入沉睡，不管是心理医生还是精神科的专家都没有办法将他的主人格唤醒。

至此，埃里克从世间"消失"了，非主人格开始支配身体。从这个案例能够看出，主人格在自己虚弱或者不想面对外部世界时，会将身体的使用权交给比较强大的非主人格，这是和平的演变。如艾玛那样的则会发生更为激烈的争夺，主人格与非主人格在正常情况下是不可能和平存在的，每一个人格都想成为身体的支配者，为了得到这个权利，他们是会上演争夺战的。

自导自演，也能演出人情世故

全球大部分多重人格分裂发生在北美地区，不过就算是经常出现人格分裂的病患，真正登记在册的也没有超过 200 例。也就是说，这个疾病的发病率不是很频繁，患病的人也不是很多。介于其"少发"的特点，一些电影、电视剧、小说的描述便成了我们认知的普遍途径。虽然这些都是经过艺术加工的，却也能展现出人格分裂症的真实情况。

20 世纪 60 年代，美国上映了一部震惊全球的电影——《惊魂记》，电影讲述的是旅馆老板诺曼残忍地乱刀杀害旅店客人玛丽莲的故事。诺曼是一个精神分裂症患者，他的另外一个人格是他的母亲，而诺曼却对此一无所知，还曾经向玛丽莲抱怨过他那位卧病在床的母亲。通过这部电影，更多的人知道了什么是多重人格。

随后，此类电影开始广泛渗入到人们的生活中，《惊魂记》之后，根据真实事件整理出版的小说《女巫》又颠覆了所有人对人格分裂的认知。20 世纪 70 年代初期，一位名叫弗洛拉的女士被医生确诊为多重人格，心理医生通过对她的治疗，发现她身体中存在着 16 个人格，这实在令人匪夷所思。有作者将她的故事进行改编并出版，引起了巨大轰动，很多人争相购买这本书，多重人格的面纱又被揭开了一些。

伴随着《女巫》这部小说的大热，它被两次改编成电影，引起了普通民众的强烈好奇心，他们非常关注与人格分裂和精神分裂有关的精神疾病方面的信息。现在越来越多的文学作品、电影、电视剧中也增加了人格分裂的人物和剧情，呈现出一些血腥、暴力犯罪还有悬疑惊悚的剧情，而一些人格分裂患者就是主角。正如美剧《犯罪心理》所上演的那样，一群 FBI 的精英侧写师侧写出来的嫌疑犯通常具有狂妄自大又冷静的人格，这些嫌犯在面对受害者的时候极度残忍和冷血，但是在实际生活中，他们或许会是连一只小动物也不忍伤害的守法好公民。这个公民可能是年轻英俊的帅哥，也可能是美丽圣洁、像天使一样的女神，甚至会是一个天真烂漫的孩子。在这些人身体中，除了纯洁的天使外，还居住着堕落的恶魔，对这样的剧情很多人都着迷不已。

《犯罪心理》讲述了一个性格内向、不善与人沟通的人的故事。正常情况下，他是一个奉公守法的好公民，但当受到外部环境刺激的时候，他的另一个人格就会出现。这个非主人格曾残忍地杀害了那些他认为有罪的人，他杀害那些人的手法极端残忍，例如将一对夫妻的颈动脉割断，让他们流血过多而死；将一个出轨的女人绑架，带回自己的农场仓库，让几只狗残忍地吃掉。这个非主人格还将杀人和狗吃人的过程进行网络直播。每当他想要去杀人的时候，他的主人格便会出现，并在凶案现场偷偷报警。等主人格放下电话之后，热衷于杀人的非主人格便会出现并开始杀人行为。这给侧写师们和警察带来了困惑，直到最后答案揭晓，人们才知道这是两种不同人格交替产生的结果，犹如芭蕾舞剧中的白天鹅和黑天鹅，这两个人格恰如天使与恶魔同行。

主人公的主人格为其非主人格所控，就像是在对警察进行表演一般，杀人前还要打个电话进行通知，让警察和侧写师都以为这是两人团伙作案，一个处于支配地位，另一个为顺从者，甚至还出现了将非主人格当作主人格进行侧写的情况。最后他们才知道这是一个人的两个人格进行的自编自演，导出了一场精心安排的大戏。

在这些剧作中，饰演人格分裂者的演员演技精湛，将人格分裂的行为举止真实地向观众展现了出来。

每一位演员在接到剧本后，都会对所要演出的剧本、人物进行揣摩，将人物的性格准确地表现出来。由于太过投入，导致很多演员在拍摄完毕后无法从角色中走出来，甚至在日常生活中也会不由自主地表现出曾经演绎的角色性格。本来性格并不开朗的人，因为演绎了一个活泼的人物而变得善于交谈，这并不符合他本人的性格特点，就好像是他的另外一种人格。而那些患有人格分裂的病人，他们的世界中是不是也上演着属于自己的特殊故事呢？

催眠——受质疑的危险治疗方法

根据多重人格的形成原因，我们知道每一个非主人格的出现似乎都代表着一段不为人知的悲伤故事，这背后总是隐藏着强烈而脆弱的情感和自尊。在每一个被分裂出来的非主人格的脸上，都带着能够掩藏所有情感的面具，这些面具会带来无形的压力，促使他们每日奔波，只为了不让别人发现真实的他们，这样的疲于奔命是多重人格患者无法挣脱的牢笼。

现代医学的一种治疗方法在医学界存在着非常大的争议，即催眠治疗。因为在治疗过程中，可能会出现之前的人格没有被完全压制，经过催眠反而引发了更严重的人格分裂的情况。接受催眠治疗的人非常容易受到医生的暗示，为了摆脱和逃避治疗带来的痛苦，他们会再度衍生出一个新人格。因此，很多人对催眠治疗提出了质疑，认为接受治疗的人并没有好起来，反而分裂出了更多人格。也就是说，多重人格因为接受催眠治疗而向着更为严重的方向发展了。虽然心理医生在治疗过程中保持中立，但并没有哪一个人能够脱离个人主观施加的影响，大部分医生都在无意识的情况下对患者进行了主观影响。

心理治疗医生在主观意识中对多重人格的存在是确定不疑的，在治疗过程中，他们会聆听病人讲述自己所经历过的如梦似幻的经历，这些经历就好像是小说情节一样。每当出现人格转换，病人表现出完全不同的性格特征时，医生就会对病人提出一些问题，这些问题在医生无意识的情况下会带上一定倾向，这个倾向往往会引导病人向着多重人格的方向发展。有时候，在还不确定这个病人是不是真的患有多重人格的时候，医生的主观意识便已将其表现的各种症状归结为多重人格了。

催眠对于病人来说具有一定的危险性，对于医生本身也存在着巨大的风险。

电影《致命ID》讲述了一个旅馆中上演的多重人格消灭战。一位年轻的妓女、一对中年夫妇和他们的孩子、青年情侣、旅店老板、警察以及被逮捕的两个罪犯在下着滂沱大雨的夜晚来到旅店避雨，巧合的是这10个人都在同一天出生。在剧中，旅馆发生了血腥的杀戮，所有的人一个接一个死掉，令人惊奇的是死亡后这些人的尸体却不见踪迹，直到剩下一个小男孩为止。这个时候，画面切到了一间审讯室，一个胖子被绑在椅子上，他的对面坐着一位医生，正在使用催眠对胖子进行引导。原来这是治疗现场，旅店只是病人幻想出来的，旅店中被杀戮的人也不是真正的人，而是这个胖子的其他人格，其他人格在旅店中被杀死以后，再度与胖子的主人格融合在一起。

催眠治疗是把隐藏在主人格之后的非主人格一一引导出来，然后通过录音、录像或笔录的方式进行记录；之后再与病患本人进行交谈，谈论他所经历过的生活，掌握非主人格出现的时机以及他们出现的原因；最后与病患身体中居住的其他人格分别进行交谈，了解他们的性格特征，以便制定相应的治疗方法。

在这个过程中，需要说服非主人格接受治疗。

在《致命 ID》中，通过医生的引导说服，所有的非主人格相继消失，最后留下一个小男孩和妓女。在法院进行审理时，身体由妓女这个人格进行掌控，在无罪释放进入精神疗养院后，小男孩杀死了妓女，彻底成为胖子身体的独居人格。这时人们才惊觉，原来这个小男孩才是真正的凶手，他还杀死了为他治疗的医生。

从上面的电影中，我们能够清楚地看到催眠治疗对病患和医生都存在危险，我们不知道最后整合的人格是好还是坏，又会不会给心理医生带来无妄之灾。

Chapter 02

一场侵蚀理智的黑暗博弈
——妄想心理分析

人们在生活中总能碰到各种各样的"疯子"，他们的思维千奇百怪，正常人完全没有办法与他们沟通。他们有的过于顽固执着，不听任何人的劝告，有着撞上南墙也不回头的个性；有的沉迷疯狂的幻想，想象自己被害与被爱，幻想着别人的背叛对自己的伤害，然后毫无逻辑可言地伤害别人和自己。这些都是他们失去理智的表现。

从心理学的角度讲，他们患上了偏执狂，又称妄想症。他们通常顽固到只信任自己，偏执到疯狂。这类病症包含忌妒妄想症、被害妄想症、被爱妄想症、身体畸形恐惧症。患者们生活在自己的幻想中不可自拔，他们跳过真实可信的证据，运用自己幻想出来的没有逻辑的证据来证明自己是对的，并做出各种疯狂的举动。

之所以会出现这些偏颇的行为，是因为理智正在离他们远去，疯狂的想法占据了他们的大脑，使他们行为失常了。

千万别和固执的人讲道理

在生活中，总有一些性格偏执、固执己见的人。有时候，这种个性存在一定的积极性，毕竟只有坚持才能达到自己想要的目标；但有时候，这种性格的人会让人感到无奈，明明别人已经对他再三警告前方是一片黑暗，可他还是一意孤行。不仅如此，这类人往往还非常多疑，认为别人不想让他成功，把别人的劝告当成误导，死板又固执，直到自己走到终点，发现无路可走时，才明白别人的话是对的，但这时一切已无法挽回了。

美国情景喜剧《生活大爆炸》的主人公谢尔顿便是一位"固执天才"，他是美国常春藤学校加州理工大学物理系的高材生，智商超过180，获得了一个硕士学位以及两个博士学位，这样的成就令普通人望尘莫及。但就是这样一位优秀人才，疯狂地迷恋漫画和机器人，甚至到了将别人的劝告都当成耳旁风的地步。

事实上，谢尔顿迷恋漫画和机器人是有原因的。因为家庭和他本人在情商上的发展并不完全，谢尔顿的心理年龄与实际年龄不符，在心情不好或者情绪低落的时候，非常需要身边的人耐心地哄他安慰他。且年幼时的高智商低情商使他受到了其他小朋友的欺负，并就此留下了童年阴影，导致他长大后非常害怕看到人们争吵或是打架。

在生活中，谢尔顿展现出了其固执的一面，比如他总是喜欢将衣服用叠衣板叠起来；长期挎着一个土黄色的挎包；穿衣服时，喜欢将短T恤穿在长T恤外面，T恤上的花纹通常都是卡通人物与科幻人物。他在这些事情上不听从身边朋友的劝告，一直我行我素。

这样的人在生活中较为普遍，他们总是自命清高，在他们的信念中，自己永远是对的，有时候会与周围的环境格格不入，完全沉溺在自己的世界不可自拔。谢尔顿会将别人的冷嘲热讽视为夸奖，他的性格非常直率，说起话来口无遮拦。与他人发生争执时，总有一大堆理由将错误扔给对方。他在剧中的一段对白，将他的性格完全暴露了出来：

谢尔顿看到佩妮在哭，直接就问："你为什么哭？"佩妮告诉他，是因为自己太傻了。谢尔顿听后告诉佩妮，他也经常哭泣，不过不是为了自己傻才哭，而是哭别人太傻，那些人蠢得让谢尔顿感到悲伤。

这些言语如此直接，半点委婉都没有。这类人总是备受争议，喜欢他们的人爱他们的直率，不喜欢他们的人则厌恶他们的固执，甚至感觉他们简直不可理喻。为什么对固执的人会出现两种极端的态度呢？我们可以从不同的视角进行解释。第一，这种固执的性格非常极端，没人能在他们大脑中加入自己的观点，他们一直都坚定地走着自己的路，没有外物能够动摇他们的心智；第二，悦耳的永远都是"拐弯抹角"的好话，固执的人太过直率，口无遮拦，容易得罪人；第三，人们本性中存在着会将自己喜欢的东西或人向好的方面描述，将不好的一面无视，对待讨厌的则会放大自己的厌恶，并希望周围的人也能够和自己保持在同一战线。因为这些原因，使得人们对固执之人的评价存在诸多争议。

固执之人总能让人哑口无言，他们的思维方式总是令人无法理解，跟他们讲话只会让我们自己陷入纠结。同时，与他们接触的时候又不能太过较真，因为他们完全不理解，也不屑理会他人的情绪与观点。

永远不要低估妄想症的"想象力"

在以前,医生会用偏执狂称呼"偏执狂"与"妄想症"这两种病症,现代精神病学出现之后,医生就将妄想症从偏执狂中分化出来,用妄想症称呼被细化的精神疾病。

"妄想症"又称妄想性障碍,患上该病症的患者没有其他精神疾病,只表现出抱有一个或多个脱离现实的妄想,对逻辑混乱的结论深信不疑的症状。

这类患者虽然没有其他精神病症或精神分裂病史,但他们的感官会出现幻觉,例如视觉、触觉性幻觉。对于妄想症,有很多临床表现:关系妄想症患者总会把一些与自己无关的东西扯到身上来,他走路时,如果经过的人正在悄声说话,他就会认为这些人在小声地嘲讽他、议论他、甚至诋毁他,他没有办法面对人们的议论,便拒绝与外界接触,将自己封锁在家中;被害妄想症患者总是认为别人会害自己,并无时无刻不处在这种惶恐中;罪恶妄想症又名自罪妄想,患有这种妄想症的人会认为自己是十恶不赦的坏人,动辄就认为自己犯下了致命的错误,需要用劳动改造或法律制裁让自己得到救赎。

现在,医学界对妄想症病因的研究资料掌握得并不是很全面,目前可以确定的病因有两种:第一,生理因素。它可以分成两个方面:首先是遗传,同属于一个家族的家庭成员出现多疑猜忌、忌妒的性格特征的比例较其他人要高;其次,人因受到伤害而发生病变,例如头被剧烈撞击,酗酒导致的大脑神经受损,甚至艾滋病也能导致妄想症的出现。医生和相关心理学家猜测,妄想症是颞叶或边缘区受到创伤或多巴胺能神经细胞过度活跃造成的。

第二，心理因素。很多精神专家在说明人患有妄想症的心理因素时，都会强调同性恋、自恋以及投射的说法。弗洛伊德认为妄想是先从人们的同性恋期退化，并且最终固定在自恋期上，对同性恋不被世俗所容许，从而投射到精神上，形成多疑、反叛的心理。

不管是生理原因还是心理原因，都会给一个人的理智带来重大影响。

一位母亲在遭受丧子之痛后就疯了，她疯狂地认为自己的孩子还没有死，手中时常搂抱着孩子生前穿过的衣服，对着衣服或玩具自言自语，好像孩子从未离开过。这样的故事不只存在于电视剧中，也发生在现实生活中。实际上，这就是一种理智受损，是人类脑部某一部分受到外力的重击，或情感上受到刺激，使得心智受到蒙蔽的结果。母亲失去孩子，使得她在情感上受到了严重的刺激，进而产生了"妄想"。这种源于情感受损冲击的妄想症又名"继发性妄想症"。

这种妄想症往往形成于已经存在的心理障碍之上，它是错觉、幻觉或情感引发的。比如人在感动、恐惧或心情低落、情绪高涨、兴奋等情况下，又或者是强烈愿望的驱使下，都有可能引发这种妄想。等到情绪平稳或愿望不在时，妄想的症状就会自然消失。所以，现实生活中的妄想症不需要前往医院就诊便可自行痊愈，这是患者们打破情感牢笼，走出心理障碍的结果。

在医学上还存在着"原发性妄想症"，它是与"继发性妄想症"相互对应的。患有这种妄想症的病人大部分是精神分裂者，所以，医生进行精神分裂的诊断起着重要的作用。原发性妄想症是在人们没有准备的前提下突然发生的，所幻想出来的内容与患者生活的环境或发病时所处的环境没有因果联系，病人发病的状态有着非常明显的妄想体现。

现如今，妄想症的治疗主要依靠药物，辅以心理治疗，能够保持理智清醒是至关重要的治疗前提。

忌妒妄想症—婚姻中潜在的"无形杀手"

　　加拿大安大略省的麦克在家中看到电视剧里男主角出轨的剧情时，竟将自己的妻子当成了对方出轨的对象。从这一天起，每当妻子出门回来，他都会问她去哪里了，是不是与电视剧中的男主角到外面约会？怀疑的最初阶段，麦克只是偶尔打骂，但是发展到最后，妻子被他打得浑身伤痕，不得不到医院就诊。

　　在整个过程中，麦克的表现主要如下：

　　一次，他的妻子刚刚回到家，还没来得及换衣服，就被麦克拖入浴室，他将妻子的头按进马桶里，还把放在餐桌上的威士忌泼到妻子身上。他大声狂叫："你为什么又出去找那个男人，难道他比我帅吗？为什么总是不听劝告？！"

　　妻子刚刚与朋友聚餐回家，麦克就冲到她面前，抓着她的衣服问："你打扮得这样漂亮，是不是又跟那个男人去约会了？"即便妻子明确否认了麦克的质问，但麦克就是不理会，他一心认定妻子与那个男主角发生了婚外情。

　　某一天，妻子刚刚下班回来，麦克又指责她外出偷情。妻子忍无可忍，告诉他那都是假的，不要整天幻想那些不存在的东西了。结果麦克在妻子去厨房做饭的时候，将她刚刚换下来的衣服剪成碎片，口中还念念有词，他要让妻子再也不能穿着这身衣服去偷情。

　　像这样的事情，几乎每天都在上演。

　　医生了解情况之后，告诉麦克的妻子，麦克患上了"忌妒妄想症"。患上这种妄想症的人会在自己脑海中臆想伴侣出卖自己，从来不理会伴侣的解释，无论有什么正当理由，在他们看来都是狡辩。

患有忌妒妄想症的人普遍会对自己的伴侣或者喜欢的人进行严密监控，并对他们的举止、行动做出毫无根据与逻辑的猜测。在得不到想要的答案时，这些患者就会表现出过激行为，给自己和伴侣的生活带来困扰。

忌妒妄想症的另一个称呼是奥赛罗症候群，属于病态思想。患者总会幻想着自己被伴侣背叛，这种猜测和指责在多数情况下是毫无理由的，且完全没有事实依据。忌妒妄想症的患者大多受到过情感的背叛和伤害，他们没有办法对这段痛苦的经历忘怀。因此在开始一段新的情感后，他们就会变得疑神疑鬼，总怀疑枕边人是否会如以前的爱人一般背叛自己。为了不再遭受到情感的伤害，他们便在没有实质证据的前提下不断地追问、指责对方，试图用自己的方式阻止幻想出来的背叛事件的发生。

病患在指责爱人的时候，从来没有想过去收集证据，而是通过自己的幻想，加工出一些毫无逻辑的证据，以此来证明爱人出轨。例如丈夫看到妻子打扮漂亮端庄地出门上班，便认定这是妻子出门与别人约会的证据，并且依照这个证据责骂上班回家的妻子，指责她对自己不忠。

患有这种妄想症的人往往克制不住自己的猜疑，为了证实自己是正确的，他们有时会悄悄尾随爱人，监视他们的一举一动。在跟踪过程中如果发现爱人与其他人谈笑风生，病患就无法控制自己的情绪，甚至会上前与人发生肢体冲突。

医学界学者在整理"忌妒妄想症"的临床资料时发现，患有"忌妒妄想症"的大部分都是男性，年龄在40岁到50岁之间，病史中没有精神疾病的资料记载。他们在发病时没有任何预兆，只是凭感觉认为妻子出轨，然后想方设法地去臆想证据，又通过这些所谓的证据进一步加强对妻子的怀疑。

正如上文所述的麦克，他不仅怀疑妻子出门偷情，还认为妻子与男主角在自己出门时在家中偷情。所以，他每天回家都会检查房间东西的摆设位置，特别是卧室与衣橱，检查被褥、妻子的衣服是不是还在原来的位置。如果位置改变，那么迎接妻子的就是一场不可避免的责骂与殴打。

麦克不遗余力地想要证实自己的猜测与妄想，认为妻子的言行举止与出轨有着密切联系，不停地检查、不断地尾随监视。但这些猜测只是麦克的妄想，在实际生活中，他的妻子从来没有和男主角约会，出轨完全是莫须有的罪名。

"忌妒妄想症"严重者会伴随病患一生。当然，也有例外，当病患的另一半再也无法忍受这些无端的猜疑以及因猜忌所引起的家庭暴力时，便会提出分手并离开患者，这种妄想就会随之烟消云散。

患有"忌妒妄想症"的病人在人格发展上存在缺陷，他们对待爱情的观点是完全占有式的爱，无法容忍爱人对其他人存在爱意，哪怕是朋友之间的情意也会被他们解读为爱情。因此，他们为了爱，会做出过激的行为，特别是在伴侣的社会地位高过自己，拥有更为广阔的交友空间时，他们潜意识中便认为伴侣会在以后抛弃自己，精神上便会产生极度的不安全感。为了缓解这种不安，他们会猜测、怀疑、质问、责骂，甚至以尾随、跟踪、监视伴侣的方式来介入伴侣的生活与工作。他们内心渴望得到爱人的关怀，希望自己永远都被爱，但是他们不明白怎么去爱人，不知道如何将自己心中对伴侣的无限爱恋表达出来，只能用这种既极端又错误的方式获得对方的关注，希望通过这种方法将伴侣控制在自己身边。

患有"忌妒妄想症"的病人有着强烈的占有欲，他们的行为天真得像个孩子，认为自己的东西只能是自己的，绝不能让其他人染指。就像小朋友抢夺玩具，抢到手对他们来说就是成功，会在精神和情感上产生满足感。

但实际上，这种行为所产生的结果往往会事与愿违，他们的爱人大都无法忍受这种窒息的禁锢，最终导致爱情走向终结。

恋爱中的魔鬼与天使：占有与分手

没有安全感的忌妒妄想症患者心中感受不到爱的甜蜜，可他们却希望能够时时刻刻生活在被爱的环境中。他们或者在幼年时没有得到父母的关爱，或者在情感和精神上遭受过严重的伤害，因此希望把那些他爱的人都紧紧地缠在身边，让他们每时每刻都在自己能够看到的地方。

普通人同样存在这种占有欲，毕竟处于爱情中的人不可避免地都会产生嫉妒的情感，只是没有忌妒妄想症患者那样病态。从嫉妒的程度上来说，每个人都有对爱人的占有欲，希望爱人的眼中总会浮现自己的身影。这种占有欲虽然自私，却是以爱为前提，并没有过激的行为。它不像妄想症患者，以爱的名义做出疯狂的举动，并伤害爱人。相互信任，彼此之间保持一定自由空间，不干涉对方的工作和交友自由，这才是真正的爱，而不是如妄想症患者那样去监视、控制，企图让对方的世界只有自己一个人。

美国曾上映过一部电影，名字叫《恋恋书中人》。男主角是一个在家中创作的作家，名为卡尔文，他很有创作天赋，所创作的每一本小说都是畅销书。在电影中，卡尔文在为自己的下一部小说准备资料，准备将自己心中完美的"维纳斯"创作进去。本来这只是根据卡尔文的想象创作出来的人物，但是有一天，卡尔文发现自己家中多了一个美貌的女孩，她和自己在小说里创作出来的"维纳斯"长得一模一样。卡尔文感到非常震惊，不过他认为这只是自己的幻觉，所以并没有理会这个突然出现的女孩，仍旧如以前一样出门和女士约会。被创造出来的女孩看到他抛下自己跟别人约会，感到非常生气，不过卡尔文并不在意这个虚幻女孩的心情，直到他的朋友出现并看到了这个女孩。卡尔文这才恍然大悟，原来这不是虚幻，自己心中的女神走出了小说，来到了他的身边，这让卡尔文大喜过望。他不停地为之前忽视女孩的行为道歉，希望取得她的谅解。最后，女孩看到卡尔文态度诚恳，就原谅了他，于是他们开始了愉快的生活。

可之后的生活并没有卡尔文想象得那么美好，女孩刚刚被创造出来的时候，她的全世界只有卡尔文。但随着交际圈子开始扩大，她的生活变得多姿多彩，她的眼中又有了其他人，也变得不再事事依赖卡尔文。卡尔文不能容忍这种事情的发生，女孩是他创造出来的，所以他在小说中将女孩的性格重新设定，让女孩变成自己希望的那样，事事依赖自己，做什么事情都没有办法离开他，发展到最后，女孩已经无法独自出门了。

卡尔文这时才感觉自己的所作所为有些过分，于是他在小说中将女孩恢复了正常。不料，被卡尔文伤害过的女孩心中痛苦万分，产生了离开的念头。可是卡尔文并不想爱人就这样从生命中离开，他非常愤怒，却又不知道该怎样挽留心爱的人。他告诉女孩，她没有办法离开，因为她是由自己创造的，只要他一落笔，女孩一生就只能待在他身边。女孩并没有理会卡尔文，她将自己的东西收拾妥当，然后毫不留恋地准备离开。这个时候，卡尔文愤怒地开始创作，他在小说中让女孩留下，女孩便真的没有办法走出房间，她每次靠近房门，都会被一堵无形的墙阻止。女孩质问卡尔文，为什么不能够放她离开，卡尔文大声狂喊着："你的生命是我给的！你的全部都是我的！"女孩并不相信他说的话，卡尔文就用实际行动向她证明。

卡尔文在小说中写什么，女孩都会按照小说内容做，让她哭便哭，让她笑便笑，女孩感到痛不欲生。但是卡尔文并没有停止写作，他已经陷入被爱人抛弃的愤怒中，他让女孩一遍又一遍地重复说着我爱你，情绪非常激动。

故事到了最后，卡尔文放走了女孩，他没有再用小说控制她。最终，卡尔文明白了什么是爱，爱不是占有，而是彼此信任，给对方留下自由生活的空间，只有彼此忠诚、互信，爱情才能长久。

人们只有明白了爱情的真谛，才不会让嫉妒占满我们的心灵，让狰狞爬上我们的脸庞，甚至成为一名"忌妒妄想症"患者。

被爱妄想症：一个属于自己的"世外桃源"

美国第四十任总统里根在任期间曾经被美国的一所工会邀请，为工会的代表们讲话。讲完话后的里根准备离开会场，他当时面带笑容，并不时地和围观的人群挥手打招呼。在一旁等候的记者快速围上来对他进行采访，白宫新闻秘书想要代替总统回答问题。就在这个时候，人群中突然跑出一位金发的年轻人，他毫不犹豫地拔出手枪，朝着里根的方向射击。里根身边的特工冲向袭击者，用自己的身体为总统挡住袭击，最后里根受了轻伤，被赶来的救护车送到医院救治。这个案件的袭击者欣克利因此名声大噪。

欣克利为什么要去刺杀总统？在他被捕后，人们从他口中得知了真相，原来他刺杀总统只不过是想让自己喜欢的女演员朱迪·福斯特能够爱上自己。朱迪·福斯特因为出演电影《出租汽车司机》中的妓女而闻名全美，电影中描述了出租车司机为了得到妓女的爱慕，就前去刺杀总统候选人的故事。欣克利观看了这部电影以后，非常喜欢福斯特，他也像其他影迷一样，给福斯特写信、打电话，并在福斯特没有回应的情况下，对她百般纠缠，希望能够与福斯特近距离接触，但是都没能如愿。福斯特的种种表现都已经说明她并不认识欣克利，也不想与之接触。可是欣克利却不这样认为，他认为福斯特是爱他的，只是因为某些原因无法将这种爱慕表现出来而已。所以，欣克利觉得自己必须做点什么，让福斯特下定决心将他们的爱恋公布于众，因此他像电影中所演的那样袭击了总统。后来，经过医生诊断，确定欣克利患有"被爱妄想症"，他的所有表现都是这种妄想症的发病症状。

被爱妄想症是非常罕见的心理病症，患者会陷入正在与一个人谈恋爱的妄想中，这个被妄想对象的社会地位一般要比病人高很多，是病人仰慕或者崇拜的对象。但是这种爱恋是没有办法公之于众的，病人会将对方不经意的动作当做一种爱情的信号，认为这是独属于他们两人的秘密，即便是简单的问话也会被幻想成为甜言蜜语。这种心理疾病还有另外一个称呼——克雷宏波症候群。

患上被爱妄想症的人在行为上非常怪异，他们喜欢躲在暗处偷偷地观察、臆想，悄悄地跟在他所妄想的对象身后。世界上有很多知名的明星都曾经有过被患有被爱妄想症的人纠缠和跟踪的经历，例如马丹娜、琳赛·罗韩、凯瑟琳·泽塔·琼斯、梅尔·吉布森、格温妮丝·帕特洛等等。

法国电影《安琪狂想曲》就讲述了这一病症。在剧中，美术学院的安琪爱上了一位心脏科医生路易克，并在知道他有妻子的情况下与他纠缠。也许是因为爱情的甜蜜醉人，导致安琪在素描课上画的不是模特而是路易克，安琪卧室的墙面上也满是路易克的画像，她全心全意地对这段爱恋付出，从未奢求路易克也能像她一般付出所有。安琪的朋友认为她的付出并不值得，但是爱情就是如此魅力无穷，让人对未来充满憧憬。这时，安琪期盼已久的机会来临了。

路易克的太太意外流产之后不告而别，使得路易克心情极为沮丧。为了放松心情，他答应与安琪出外郊游。这个约会让安琪兴奋不已，赴约当天，她精心打扮自己，并打点好了一切，但令人失望的是路易克并没有赴约，安琪在约定会面的地方等了整整一天。安琪的朋友劝她放手，可是已经近乎疯狂的安琪并没听从劝告，反而更加坚定了要守护爱情的决心。爱情已经让安琪陷入痴狂，她为了路易克能免受女病人的控告，动手杀死了女病人。不幸的是，这反而使得路易克背上了谋杀嫌疑，而他的太太表示相信他，并回来支持他。凶杀案反而促成了夫妻二人和好如初，安琪因此陷入绝望，她不能接受这样的结局，于是便在家中开煤气自杀，但被邻居路易克救活。奇怪的是，他们两个人好像从未见过一般。原来，路易克从未与邻居安琪相识、相爱，这一切都是安琪幻想出来的，并没有在现实生活中发生过。

电影《安琪狂想曲》中的安琪，实际上患有"被爱妄想症"。研究表明，患有这类精神疾病的患者年龄普遍在 18 至 25 岁之间，其中女性患者的比重更高。"被爱妄想症"的产生有一个前提条件，就是相信自己恋爱了，每天都生活在被爱的氛围中，而且在被问到是谁先爱上谁时，会斩钉截铁地回答是对方先爱上自己，并对自己表白。

是什么原因导致他们患上被爱妄想症呢？

渴求被爱的隐晦之意便是缺乏关爱，正因为没有人爱他们，所以他们才迫切需要别人的爱，他们把自己放置在满是爱的世界中，这个世界是他们幻想出来的，他们在这里是被需要的，也会得到渴望已久的关怀，感受着虚幻的美好。毕竟幻想出来的世界都是按照自己的想象制造出来的，比实际生活更美好、更幸福，别人能够看到自己的能力，他们不再是现实生活中那个没有存在感的"透明人"。于是，他们就这样徜徉在温暖的世界中，分不清什么是现实、什么是幻觉。

每一个被爱妄想症患者都在自己的世界中过着属于他们的美好生活，实际上，我们都知道这不过是一种心理上的自我安慰。如此一来，他们的眼中再也没有宽广的世界，只剩下虚幻。他们没有办法正视自己的渺小和平庸，也无法接受别人对自己的任何评价，无法预知的未来和现实生活的真实都令他们感到恐惧，最后只能听从命运的摆布。

患上这种心理疾病的人，性格大都内向、自闭、安静，并且缺乏关爱。为了得到幻想中的关爱，他们把自己对爱的渴求放在了被他们崇拜的人身上。这些人的社会地位较高，在普通人眼中就是完美的化身，但患者作为普通人，是无法拥有这份爱情的。为了缓解这种爱而不得的痛苦，他们开始幻想，在大脑中将那些不切实际的东西串联起来，为了让幻想更接近真实，他们开始跟踪、监视，绞尽脑汁与爱慕的对象接近，哪怕对方只是一个微笑，也足够让他们疯狂想象。他们就是这样自卑又渺小，在渴求爱的道路上逐渐扭曲自己。

每个人或多或少都存在一些不切实际的想法，但如果总生活在幻想中，那就是逃避责任。我们可以畅想美好的未来，也可以想象甜美的爱情，可是现实与想象是有差距的，我们不可能永远想象不切实际的未来。所以，我们要学会放下，学会坚强，用积极的姿态面对真实的人生。

关起门来与世界为敌——被害妄想症

斯皮尔伯格是一位闻名世界的电影导演，他拍摄的电影票房强劲，一贯存在着过硬的号召力。令人匪夷所思的是，就是这样一个声名赫赫的大导演，在坊间却有传言说他有精神疾病——患上了"被害妄想症"。

据传闻说，他每时每刻都会为自己准备一辆方便逃生的座驾，还要求身边的助理对各种自然灾害都制定一个完美的应对方案；这种被害的妄想甚至还扩散到担心员工会遭遇不测上，于是便为员工发放各种逃生的应急装备；他还担心自己的商业秘密被别人窃取，要求所有的剧本都必须加密；为了防止谈话的内容被人偷听，他在自己的办公桌上安装树脂玻璃。

据医生分析，斯皮尔伯格这种程度的被害妄想症是妄想症中最常见的。这类患者在性格上存在着各种缺陷，他们或敏感多疑、或自负骄傲、或自恋张狂，又或者爱好幻想。这些人的性格各不相同，但是却有着类似的遭遇，这颗疾病的种子大多来源于幼年时很少从父母那里得到关爱，无法与人有良好的沟通等。

此类患者走在马路上，往往会怀疑与自己擦身而过的人在说自己的坏话，回家的路上有人在跟踪、监视自己，妄想着自己可能会被杀害或者已经受到了侵犯，导致精神极度紧张，惶惶不可终日。倘若他们的精神被自己的妄想逼到了极限，为了摆脱这种被杀害的恐惧，他们甚至会用自杀的方法寻求解脱。所以，这种妄想症患者必须尽快到医院就诊，不然可能会发生不可挽回的悲剧。

医生卡尔·贾斯伯斯在与妄想症病人交流时，发现有将近三分之一的妄想症患者多少存在一些被害妄想症的症状，这些患者会向医生表示有人要杀害自己，毫无逻辑地向医生诉说自己的恐惧。

那么，被害妄想症是怎样产生的呢？

生活中，每个人都不可避免地要面对现实的失败，很多人为了逃避这种挫败感，会暂时逃往自己设计的虚幻世界，并在那里幻想自己的成功。但是幻想终究只是幻想，这些人终归还是要面对现实。为了逃避责任，他们会将自己的失败归结为外界的迫害，认为周围的人不想看到自己功成名就，所以联合起来采用阴谋诡计谋害自己。

事不关己的生活常态在被害妄想症患者的眼中是不存在的，幻想出来的恐慌生活时刻都在侵蚀着他们。有学者在社会各个阶层中随机抽选出 500 人进行问卷调查，并对这些问卷进行总结，发现人际关系过于敏感的人，会在旁边的人议论时将自己带入到话题中，认为他们是在背后诋毁自己，感觉所处环境到处充满了仇恨自己的人。这些人总是有一些异于常人的生活与内心经历，他们真正惧怕和幻想的并不是我们能够直观感受的，现实生活所带来的压力使得他们对身边人的一举一动产生了误解，甚至是可怕的妄想。就像斯皮尔伯格一样，他时刻处在聚光灯下，被狗仔队跟踪，再平常不过的隐私都会被放大。这种禁锢的环境使他的精神高度紧张，以至于对周围的环境开始产生恐惧心理，进而担心自己的安危。

正如美国电影《楚门的世界》中，男主角楚门生活在大众的监视之下惶惶不可终日一样，一些被害妄想症的患者将自己视作楚门，幻想被身边的人利用和欺骗，甚至被谋害。这种荒唐至极的妄想被学者称为"楚门妄想症"。

由于惧怕周围的环境和人，被害妄想症患者更倾向于待在家中。可即便如此，他们也不得安宁，害怕有人会到家中杀害自己，于是每天都会检查房间，无数次地打开和锁死门窗。这种焦躁使他们无法安心睡眠，他们害怕在睡梦中被人杀死，也害怕睁开眼睛的时候，床边站着一个举着刀子的人准备捅死他们。他们被这种幻想折磨得筋疲力尽，但是却又被自己的幻想惊醒，再也没有办法入睡，整夜的失眠便开始了。

而更让人担心的是，失眠会导致病情恶化。因为无法入睡，他们的脾气变得更加暴躁，为了缓解自己的焦虑不安，他们尝试与人聊天，但又怀疑聊天对象是故意安排并有意针对自己的，或者想要窃取自己的秘密来要挟自己等等，造成了恶性循环。所以，失眠是被害妄想症的发病表现，同时也是病因之一。

被害妄想症患者有一套共同的思考方式，即"jumping to conclusions"（JTC），直译过来就是：思维跳跃，没有开头、过程，只有结论。被害妄想症患者的很多想法都毫无逻辑可言，他们只相信自己幻想出来的结果，大部分患者都有JTC的症状。

JTC 症状最主要的表现就是思维逻辑混乱，却仍旧认定自己的想法是正确的，绝不相信任何人的言论。因此，患者的亲友想用严谨的现实证据来说服患者是不可能的，他们的大脑中只有自己的幻想。

生活中不乏丧失希望的失意者，他们对未来的道路感到迷茫和恐惧，并将自己的失意归结为别人对自己的陷害。有些经历过被跟踪伤害的事件的人，即便事情结束，也会留下挥之不去的阴影。这些人精神紧张，只要有点风吹草动就会忐忑不安，觉得有人要害自己，最终跌落在妄想症的边缘。

JTC 的产生是否与患者的逻辑思维能力缺失和记忆损失存在关系呢？

知名精神病学家 D·弗里曼在被害妄想症患者中挑选了 200 名患者作为研究对象，对患者的逻辑能力、思考能力、智力、记忆力进行测试，最后发现思维能力越混乱的患者记忆力就越差，能够接受外界正确信号的能力也就越差。没有足够的外界信息，他的逻辑思维能力就被搁置，这时候，幻想便成为了思想与思考的唯一来源。

被害妄想症患者只相信自己认为正确的事情，如果你试图劝告他，那么，他会认为你就是想要谋杀他的人，会将你的所有举动都扣上居心不良的帽子，并在脑中飞速幻想，认为自己已经进入了被陷害、被攻击的陷阱中。而你拿不出任何证据证明自己是无辜的，因为在被害妄想症患者面前，你永远都是可疑分子。

该类患者的妄想会一遍一遍地进行下去，就像一个深不见底的深渊。更可悲的是，在被害妄想症最初发病时，并不会引起太大关注，身边的人只会认为他有些过于多疑敏感。直到这种妄想程度加重，出现不能安眠以及无法正常交流的症状时才会引起重视。

这种妄想症的治疗是很复杂的，药物和以心理干预为手段的治疗方法只适用于一小部分人群。我们能做的，就是给身边的人更多关爱和关心，尽最大努力将此疾病扼制在早期。

你知道吗，"爱美之心"有时也很可怕

日本有一个名为樱子的女孩，患上了"身体畸形恐惧症"，一年有超过三分之二的时间是在整形医院度过的，她认为自己奇丑无比，没有办法与自己喜欢的男孩子并肩而立。为了得到心爱之人的爱慕，她开始疯狂整容。实际上，樱子小时候是一个非常可爱的小女孩，但小伙伴之间逗嘴时说了她一句："我不想和你这个丑八怪做朋友！"从此，"丑八怪"三个字就深深印在了樱子心中。樱子成年后便开始热衷整容，将自己整张脸整得面目全非。但她认为自己还是不够美丽，一直在向整形医院询问进一步的整形计划，并为整形花费了大笔的费用。可惜的是，无论她整成什么样子，她喜欢的男孩子都没有注意到她。

樱子不甘心，她将父母位于东京的住所卖掉，准备用这笔钱再一次整容。但这个时候，樱子的父母再也无法忍受她的疯狂行为了，他们将她送进了精神病医院接受诊治。东京医科大学医院的医生给出了鉴定书，上面写着樱子患有严重的精神疾病，即"身体畸形恐惧症"。

什么是"身体畸形恐惧症"？

"身体畸形恐惧症"又名丑形幻想症、美丽强迫症，英文称为"BDD"。患上这种病的患者总认为自己身体上的某个部位不完美，或许他们的样貌和身材并没有明显的残疾，或者只是存在一点瑕疵，但他们的思想却认为自己是丑八怪，并且因为自己的不美丽而时常陷入痛苦。

　　患者过于看中外在的美丑，又极度夸张了自己身体的丑陋。他们认为整形能够消除这些丑陋，但是并不彻底，于是一次又一次地对身体部位产生不满，并频繁前往整形医院，但这仍旧没有办法满足他们对美丽的追求。

　　患上这种病的人并不只有普通大众，还有一些明星。也许在我们眼中他们已经很完美了，但是在他们自己眼中，自己的身体仍然存在缺陷。他们如樱子一般对自己姣好的面孔和魔鬼身材感到不满，希望通过一些手段来改变，这使他们陷入对身体不满的恐慌中而无法自拔。

　　身体畸形恐惧症的患者大部分是女性。为什么女孩子更在意外形呢？首先，性别本身决定了女孩子更在乎容颜；其次，这是历史上存在的社会观念造成的。从古至今，社会观念对女孩外貌的要求就比较苛刻，它也是男子选择妻子的重要标准。我国有"女为悦己者容"的古语，也证明了容貌的重要性。

　　现在很多女性为了取悦别人也非常注重仪表，尤其是容貌，为了变得更加美丽而前去整容。当然，爱美之心人皆有之，我们不能说想变漂亮就是有精神疾病，只有过分在乎容貌，并疯狂为此改变的人，才有可能会患上精神疾病，这些人不管容颜美貌还是普通，都会认为自己奇丑无比。

　　我们对身体畸形恐惧症的病因了解得并不深入，查阅大多数患者的资料，你会发现他们都曾经患有抑郁症。很多患者都用浓妆来遮掩脸上的瑕疵，用衣服来遮盖身体丑陋的地方，同时随身携带一个小型的镜子，时不时拿出来查看自己的妆容，以防止自己丑陋的容貌或身体暴露出来。所以，为了研究身体畸形恐惧症产生的原因，有一些学者对"照镜子"的心理状态进行了研究，想要从这方面入手，发现身体畸形恐惧症的一些秘密。

　　英国精神方面的研究员做了关于照镜子的测试：他们在伦敦的伯利恒精神

病院选取了 30 名身体畸形恐惧症患者，又从伦敦市随机抽取了 30 名健康人士。为了实验结果的严谨性，研究员让男女比例各占一半，并让他们分别接受两次测试。

测试结果表明，身体畸形恐惧症患者在照镜子 30 秒内情绪就开始不稳定，正常人则在 10 分钟以后，情绪才开始变得焦虑不安。测试结束后，参加测试的人都要填写相关问卷。最终他们得出结论：人们都喜欢不定时地照镜子，只是大部分正常人对自己的容貌没有过多的在意。

一些医学专家和心理学家认为，心理正常的人在照镜子的时候，会把注意力集中在自己认为完美的身体部位上，但那些心理出现疾病的人却会把注意力放在自己不喜欢的部分上。不过，照镜子的时间不能过长，不然心理健康的人也会将注意力转向不喜欢的身体部分上，导致情绪出现不稳定。

也就是说，身体畸形恐惧症的产生可能是因为患者在照镜子时用时过长，导致患者发现了身体的缺陷，使得自己陷入恐慌的情绪中。同时因为患者本身就患有身体畸形恐惧症，便更加喜欢照镜子，这两者相互促进，造成身体畸形恐惧症患者的病情向着无法挽救的方向滑落。

没有人的容貌是完美的，每个人对自己的容貌都有不喜欢的地方，但普通人并没有在这方面投入太多精力，只在需要的时候照一下。而有些人较为关注自己的容貌，以至于在镜子面前停留过长的时间，这是因为他们生活的世界开始变小，只能将注意力集中在外貌上。心胸开阔的人往往能够豁达地对待外貌，追逐更广阔的天地。相反，那些眼界狭窄的人只会对自己的外貌缺陷感到惶恐，让自己的心态发生扭曲，最终患上身体畸形恐惧症。

Chapter 03

明明没有厌世，为何一再憧憬死亡？

——自杀心理分析

每天会发生很多事情，有令人愉悦振奋的，也有心情沉重的。面对那些消极的情绪和心理，如果不能及时做出调整，可能会产生一些极端的念头。不论是性格内向安静的人，还是外向开朗的人，或多或少都会有遇事"钻牛角尖"的时候，甚至还会产生一些偏激的想法。自杀永远都是沉痛和严肃的，当身边有人产生自杀这种想法时，正是最需要我们伸出援手、送上关怀的时刻，或许只是简单地倾听，就能让他们的情绪得到释放和缓解。

　　社会、教育、环境等因素，以及人际关系和精神寄托的匮乏，都是隐性存在的"利器"，可能一次"火药味"十足的争吵就会变成自杀导火索，但是这些单一因素并不是充分条件，导致自杀的原因是多方面且极其复杂的。

　　人生不是一帆风顺的，总是会遇到这样或者那样的难题，而自杀的诱惑性是显而易见的，因为这是唯一一个能够让人摆脱一切的方式。所以，很多人明明对这个世界还存有留恋，却还是选择了结束生命。对这个世界的留恋并不是生存的决定性力量，但是经过了深思熟虑的求死，却有着不可比拟的力量。

　　人总是要死亡的，但人生却是宝贵的。人生有很多的乐趣，没有走到生命的尽头，谁又能说下一刻不会遇到美好呢？

在冲突中并进的本能—求生与求死

生命之所以宝贵，就是因为只有一次，而生与死之间，不过一念之差。死亡的话题，大家似乎都不想过多提及，但它又是日常生活中让人无法忽视的一个问题，而自杀更是当今社会最为常见的话题之一。一个人需要多大的勇气，或是多么绝望，才会以这样的方式来结束自己的生命？自杀者本人是痛苦的，而他留给亲朋的痛苦则更多。

或许你从来都没有生出过自杀的想法，但你可能体会过那种生无可恋的感觉。那一瞬间，你或许会觉得人生毫无意义，整个世界也没什么值得自己留恋的地方。而且这种感觉可能会时不时地浮现，让你感到很痛苦。你不知道自己为什么会产生这种感觉，是轻度抑郁症？还是在害怕什么？

有人说，自杀是因为一个人所感受到的痛苦超过了自身所能够克服这种痛苦的"盾牌"，这不是一种刻意的选择。对于自杀的背后动机，心理学认为是杀人的愿望、被杀的冲动和求死的本能共同作用的结果。

人都有求生的本能，很多因为绝望而试图自杀的人，最后还是活了下来，是因为他们内心还有求生本能在进行自我调节。而自杀，就是一个人自身的求生本能已经无法进行自我调节了。

弗洛伊德认为，生命的本能与死亡的本能可以称作一个人人格当中的两种倾向，一种是建设性倾向，一种是破坏性倾向。他认为这两者始终都处在不断的冲突与相互作用当中。

在心理学中，人对于自己身体的认知有三个层次：一是不把自己的身体当成自己的，二是把自己的身体当成自己的，三是认为自己的身体里还住着其他人。"杀人的愿望"是因为人们把内心的欲望和不满投射到了自己的身上，认为自己的身体里还住着其他人，觉得杀害自己就是杀害其他人，于是就选择了自杀；"被杀的冲动"是因为良知引起的，当一个人做了一些违背良心或是违反社会行为规范的事，内心便会十分愧疚，饱受煎熬，等到承受不住的时候，就只能结束自己的生命来赎罪；"求死的本能"存在于每个人的潜意识之中，有的时候，人们会沉浸在自己悲伤的过往之中，明明知道悲伤没用，自己做什么都是徒劳无功的，可还是有一种想把自己推进无尽深渊的冲动，这就是人类的"求死的本能"。

心理学倾向于把自杀的主要原因归结为抑郁症，当然这其中还存在很多其他原因。

有的人因为头发被剪得太短而自杀，有的人因为错过了飞机航班而自杀……这些理由似乎有些不可思议，甚至是可笑的，但是对于自杀者而言，这可能是压倒他们的最后一根稻草。有人将自杀作为一种摆脱一切的手段，因为活着太痛苦。很多受尽病痛折磨的病人会选择结束自己的生命；有的人感到自己被这个社会抛弃，觉得自己的生存没有价值了，从而失去了对于世界的归属感，就此感到绝望；也有人是因为安全感的缺失而陷入巨大的恐惧；有的人觉得生活无聊、单调，但是又不愿意面对社会上的各种挑战，于是渐渐地将对生活的新鲜感消磨殆尽，再也无法体验到生活的温度和美好等等。

心理暗示加上来自外界的压力，让人走上了绝路。有时候，人就是很难接受自己的不足之处，很难坦然面对自己的遭遇。但是世界上并没有永远的苦难，所有的不快乐基本都是自找的，只有放下不快乐，才能拾起快乐，因此一定要摆正自己的心态，遇事要多考虑积极的一面，才会让这样极端的行为远离我们。

生命是宝贵的，世界这么大，我们还没有看完，甚至都还不了解生命的奥秘，又有什么理由不珍惜自己的生命呢？苏格拉底说："你能作茧自缚，必能破茧成蝶。"只要有勇气、有毅力，就能够破茧成蝶，重获新生。

可怕的暗示：自杀存在"集体"效应

蓝鲸游戏因为煽动青少年自杀而引起了全世界的关注，其发源地是俄罗斯。据统计，已经有130多名俄罗斯青少年死于蓝鲸游戏，更可怕的是，这个游戏已经进入许多国家，致使青少年接二连三地受到蛊惑，选择放弃自己的生命。

每天凌晨在4：20起床，不要同任何人说话，看一整天的恐怖片，坐在高楼的楼顶天台两脚悬空，在手臂上刻上蓝鲸的图……这些都是强烈的心理暗示，会让人精神恍惚、越来越孤僻，并且还会让人一步步与社会脱节。这一切都在这些青少年的心里埋下了可怕的种子，一步一步诱导青少年走向死亡。而那些完全顺从游戏组织者的青少年，全部都已经自杀身亡了。

这看上去似乎很荒唐，但是却让人细思极恐。蓝鲸游戏之所以能够杀死这么多的青少年，是因为游戏设定采取了循序渐进的方式，通过不断地发布任务，不断地进行心理暗示，一点点蚕食掉这些青少年活下去的欲望，从而引导他们走上自杀的道路。参与过蓝鲸游戏的人说，感觉就像是站在天台上，背后有一双手将他往下推，想停下来，却做不到，因为这股力量太过强大。

为了防止有人中途退出，游戏开始的时候就需要向游戏组织者上交家庭成员信息、家庭住址、身份证等，不留一丝退路。如果想要退出，就会受到威胁，甚至被追杀，只要进入这个游戏，就会被逼着向前走。

在参与游戏的过程中，那些所谓的游戏任务会把参与者与周围的一切隔绝开来，并且参与者每天都要接受"自己要去死"的心理暗示，这种暗示不断强化，一步一步地瓦解参与者对这个世界的认知和对自我的认知。而持续不断的自我怀疑会彻底毁掉一个人的意志，这时候便是参与者最接近死亡的时刻。

那些参与蓝鲸游戏的青少年有一部分是因为好奇，也有一部分是因为冲动，但大部分是本身就有着严重的自杀倾向。在参与这个游戏的过程中，因为好奇和冲动而参与进来的青少年或许会后悔，但是那些真正想结束生命的人却不会萌生退意。游戏本身就是引导这些青少年自杀，并且是一大群人一起死去，这也会减少他们对于死亡的恐惧。人就是有这样的心理，如果大家都一样恐惧，那么自己似乎也就没那么恐惧了，虽然这种恐惧减轻的感觉不过是幻觉而已。这也是蓝鲸游戏可以组成一个团体的重要原因，一群想要结束自己生命的人聚集在一起，似乎死亡也变得不可怕了。

受到几十天自杀心理暗示且有自杀倾向的人最后还能活着，这种可能性几乎是不存在的。

心理学家巴甫洛夫说过："暗示是人类最典型、最简单的条件反射。它是被主观意愿所肯定的一种假设，它不一定会有确切的依据，但是因为人在主观上已经肯定了它的存在，所以在心理上就会趋向于这个内容。"蓝鲸游戏就是这样，利用参与者的自杀倾向，对于"死亡是美好的"和"只有死亡才是最好的归宿"这样的暗示不断进行强化。

其实，人们在日常生活中无时无刻不在受到心理暗示，尤其是当一个人处于缺乏社会支持的困难状态的时候，更容易受到暗示。

人的行为为什么会受到暗示的影响呢？

金无足赤，人无完人，任何人都无法每时每刻都保持理智与主见，鉴于人自身存在这些缺陷，也就给外来的影响带来了可趁之机，为别人对自己的暗示提供了机会。当然，暗示之所以会起作用，大多是因为人的心理防线出现了漏洞。如果这种暗示是积极的，那么必然会让人精神振奋；如果这种暗示是消极的，那么就很容易被人操纵，成为受害者，就像参与蓝鲸游戏的青少年一样。

暗示按照信息来源划分的话，可分为他人暗示与自我暗示。蓝鲸游戏所带来的结果是这两种暗示共同作用的结果，其中他人暗示所起的作用更大一些。而在自我暗示中，环境暗示的效果也大于自身暗示，虽说两者在结果上都是信息传导到自我而进行的转化，却也有轻重之分。

自我暗示在心理学上指的是为了改变行为和主观经验，通过主观想象某种特殊的人和物的存在，以此来进行自我刺激。自我暗示是一种提醒、一种指令，也是一种启发，它会告诉人们应该追求什么、应该注意什么，又该做出什么样的行为。

自我暗示可以大声地说出来，也可以沉默进行，还可以唱出来或者是写下来等等。通常而言，由于被暗示者从来都不会理性地进行分析，只是盲目且机械地按照自己所接收到的意念来做事，而且在做事的时候，还以为这是自己做出的决定。蓝鲸游戏的参与者就是这样，青少年们机械地按照自己所接收到的死亡意念去做那些匪夷所思的任务。

需要强调的是，自我暗示的力量非常强大，所有人都无法抗拒它的强制性，所以影响人们潜意识最有效的方法之一就是自我暗示，欧·亨利的《最后一片叶子》就是极为典型的例子。再比如你在骑自行车的时候，发现前方的路上有一块石头，于是你反复提醒自己一定要注意，千万不要撞上去，结果你还是撞上去了。这是为什么呢？其实，大脑里所想的虽然是不要撞上，但实际上却把人的注意力更多地集中在了石头上，潜意识里你更关心石头这一事实，而不是还未发生的碰撞事件。

总而言之，暗示在很多时候难以把握，其两面性也显露无遗。

一种普通而又神秘的自杀途径：跳楼

近些年来，自杀者越来越多，其中明星和学生这两类群体占了大多数，令人唏嘘。

自杀的原因大多是因为压力过大、思想极端、自我调节控制能力差、厌世等，而在这些因素当中，自我调节控制能力的薄弱是一个重要原因。对于自杀者而言，从高楼上一跃而下的动作和那个瞬间才是质变的结果，因为他们没有控制好自己，才造成了这样的不幸。

但是，自我调节控制能力差真的就是自杀者跳楼的根本原因吗？我们真的可以通过自杀者自杀时候的心理状况，来推测自杀者在自杀之前的心理状况吗？其实，自杀者站在高楼楼顶和站在高楼底下的心理状况是不一样的，但是人们往往很容易忽视这一点。

有人会说，自杀者站在楼下的时候，便已经产生了沉重的心理负担和厌世情绪，然后随着楼层的升高，这种情绪不断增加，当他走到楼顶天台的边缘时，这种情绪和压力到达了极限，所以，他就从楼上跳了下去。但这只是主观臆断，每个人都有自己的立场，若是设身处地地感受一下，或许就会有更深入的了解。

假设你站在非常高的楼顶上，肯定会出现恐高的状况，随之而来的会是眩晕的感觉，之所以会眩晕，是因为缺乏视觉信息。人们平时往往是选择一个水平的位置来进行水平运动参照的，但是当一个人站在高处时，眼中所见的地面上的人和物都太过渺小，是不能作为平衡信息回馈根据的，这就导致人体产生了不适反应。位于高楼之上的人会拥有广阔的视角，他们眼中所看到的事物会显得抽象化、立体化，他们会觉得有一股无形的力量要将他们吸下去。这与恐高症不同，人们对于"高"的恐惧和恐高症其实是两码事。对于"高"的恐惧会让人在靠近高处边缘的时候停止前进，这样的心理避免了很多高空坠落的情况发生，也说明这种恐惧所带来的影响并不能突破人们自我防御机制的防线，那么，自杀者为何还会从高楼之上一跃而下呢？

人的常识保护着人的视界，人习惯了这样的生活，如果看到了超出自己常识的东西，就会感到不适应，还有可能会变得狂躁。比如许多人亲眼看到战争中的血腥画面后会崩溃，是因为这样的场景超出了自己的常识范围。

对于自杀者而言，站在楼顶俯瞰所看到的景色不是他们平日里看习惯的情景，那种一切都在自己脚下的壮观景色会让他们产生一种异样的冲动，这种冲动来源于自己现在所见到的广阔世界与平日里所生活的狭隘世界的对比。

人们遇到不顺心的事或是经历过痛苦之后，便会觉得自己被这个狭隘的社会所排挤，觉得自己无处容身，然后就有了轻生的念头。当站在高处，感受到这个世界的壮阔时，他们会觉得这才是自己想要的世界。于是，逃离身后的狭隘世界，拥抱眼前的"美好"世界，便成为了纵身一跃的"推手"。

在自杀者眼中，平日里所生活的世界并不理想。明知道从高处俯瞰的世界与自己所处的是同一个世界，却因无法把握这个平日所生活的地方而找不到自己身处其中的实感。于是，常识所带来的理性知识和实感所带来的感性知识之间产生了冲突，使得自杀者的思维认知产生了混乱，最终失去了理性，就此从高楼上跳了下去。

其实，有很多自杀行为都不是真正意义上的自杀，真正的自杀者对于生活在这个世界上已经失去了兴趣，他们了无牵挂，没有任何留恋，只会选择悄无声息地离开这个世界，而不是在网络上留下自己即将要离开人世的讯息，也不会将自杀的地点选择在闹市区。

而那些选择在闹市区自杀的人，有一部分人在登上楼顶之后，又不想结束自己的生命了，可最后还是跳了下去。他们在跳下去之前会经过一段时间的犹豫和挣扎，对于人生以及自己的行为都感到十分的混乱和迷茫。自杀者之所以会轻生，大多是因为无法适应和融入到社会之中，觉得自己是被这个社会所排挤的。当自杀者站在高处时，这种孤独感更是会被无限放大。在这样的情况之下，他会不自觉地寻求外界的庇护，此时能够安慰他的就只剩下楼下热闹的街道和人群。也许有一瞬间，自杀者会放弃轻生的念头，但是他随即又反应过来——正是这个世界逼他走上这条道路的，内心的孤独和无助得不到宣泄，原来也许不怎么坚定的念头，此刻由于外部环境的力量而变得异常坚定起来。这也说明，人在一种特定的环境之下，会有自杀的可能性。

但是，这也并不意味着跳楼自杀的原因能够笼统地归入到普通自杀中，它有着一定的特殊性。对于跳楼者而言，环境暗示的效果可能是大于自身暗示的。虽然环境暗示和自身暗示都是因为信息传导到自我而进行的转换，但是两者在这其中却占据着不同的比重。高楼之上的环境氛围放大了暗示效果，心理上的影响和生理上的影响相互作用、相互协调，生出一种强大的力量，而这种力量，无疑等于在自杀者的背后狠狠地推了一把。

人类的潜意识总是遵循着替换定律，它在同一个时间只能主导一种感觉，如果反复地将一种思想灌输给人的潜意识，便会促使原本的思想渐渐衰弱，新的思想占据上风。所以，除了强行控制自杀者的身体之外，想要用外力改变自杀者的心理和意识状态是非常有难度的，而想要自杀者改变自己的心理，那就更加困难了。除此之外，人的潜意识还遵循着重复定律，如果一个人想要养成良好的习惯，就需要学会如何掌握这个规律，通过不断的自我暗示和重复暗示来达到质变的效果。

跳楼自杀的原因有很多，社会因素和个人因素都"难辞其咎"。但总而言之，人生除了死没有什么大事了，给自己多一点的时间去适应，看开一点，认真去生活，才是拥抱生命意义的最佳途径。

引发自杀意愿的事情能微小到什么程度？

　　总有一些人会因为一些看起来微不足道的小事而自杀，这其中还有很多是成年人。有人因为错过了火车检票时间而自杀，有人因为考试挂科而自杀，有人因为找不到理想的工作而自杀……如果是未成年人，我们尚且可以说因为他们年纪小，心智不成熟，做事太容易冲动，但是对一个心智成熟的成年人而言，这样的自杀理由确实令人感到费解。

　　在德国，一名男子在被士兵扇耳光之后自杀了。在我们看来，因为被扇耳光就自杀似乎有点不值得，但对于这个男子而言，也许尊严是比生命还要重要的存在，他失去了尊严，又无法报复那些扇他耳光的士兵，也就认为活着没有价值了，所以他以选择结束生命的方式来捍卫自己的尊严。

　　一个人的想法和价值观总是会变化的，就像童年看重和喜欢的东西，到了中老年时期大都已经不会再看重了。但在短时期内，人的想法和价值观不会改变得那么快，当这种"小事"发生以后，也许人们会觉得自己最珍视的东西被冒犯、被伤害了，而这种难过与痛苦会给自身带来无尽的折磨，这种折磨蚕食着理智和想要继续活下去的意念，进而诱发了自杀的行为。

　　我们眼中微不足道的小事，对于自杀者而言或许能够掀起滔天巨浪，这是吞没他们的最后一片浪花，是压倒他们的最后一根稻草。

　　有人说，这一类型的自杀者太过脆弱，但人都是脆弱的，一个人接收了太多负面信息，自身无法承受，又得不到他人的支持，就会走上极端。无论他们自杀的原因是如何的微小，在他们眼中，死亡都是最好的选择。也许这种认知是扭曲的、不健康的，但却不是一个"脆弱"所能解释的。

　　毕竟我们不是自杀者，无法看到他的家庭、他的生活、他内心的痛苦和绝望，我们没有他的思维方式，所以无法设身处地地思考，更加无法感同身受，因此也就无法去断言什么，也没有凭据说自杀者一定就是脆弱的。

任何自杀都有其原因，但归根结底还是与一个人的心理状态有很大关联。有的人因为情绪变化导致其产生以偏概全的思维方式，觉得除了死以外，没有别的方式能够解决他们面临的问题，比如"我这次期末考试作弊被老师发现了，一定会被同学嘲笑""我迟到了，老板一定会骂我""我这次考试考了全班倒数第三名，回家怎么面对爸妈"等等。他们的自杀意念往往在一个很短的时间内形成，激动的情绪让他们变得冲动，因此缩短了思考的时间，甚至在短时间内将自杀付诸行动。这时候他们已经无法冷静下来了，思想变得十分狭隘，根本不可能去理智分析问题，只觉得自己除了死便无路可走。

有的人会在一个特定的时间段内感到孤独和绝望，比如午夜时分。这个时候，他们往往会变得异常脆弱，为了逃避自己所遇到的事情，也容易一时冲动选择结束自己的生命。

死亡对于自杀者而言，也许是一件充满诱惑力的事情，因为无论什么样的困难，都可以用死亡的方式解决。也或许他们对死亡这一概念比较模糊，认为死亡是一个瞬间性的行为，却没有考虑到自杀的后果。

如果我们发现身边的人有异常的行为或者想法，一定要多加留意，千万不要轻视，要多关心对方，告诉他们不要给自己施加太大的压力，同时尽可能帮助他们树立正确的观念，学会客观地评价自己，慢慢地去适应这个社会。也可以劝说他们不要去追求一些不可能实现的东西，学会知足常乐和自我调节，学会向他人寻求帮助。

其实，人活在这个世界上都会遇到挫折和坎坷，都会有不被人理解的时候，但困难只是一时的，只要做到勇敢面对，没有什么事情是解决不了的，也没有什么坎儿是过不去的。结果无论好与坏，都是命运赐予我们的，皆需坦然面对。痛苦让强者变得更加强大，也会让弱者变得更加软弱，我们能做的，就是不要被痛苦打倒。生命只有一次，还有那么多美好的事、美好的人在等着我们，只要这一秒没有放弃，那么未来就会有希望。

Chapter 04

变态横行的世界，如何证明你不是神经病？

——怪癖行为分析

人们有时对一样东西有着无比执着的态度和无限的热爱，只要拥有了这样东西，便会感觉自己的世界充满幸福。但很多时候我们都会用理智克制这种欲望，并且控制自己不做出越轨行为。但是有些人却无法克制内心对这欲望所带来的幸福的渴望，甚至会为了得到某样东西而不择手段，使精神陷入一种癫狂状态。

　　这些人在我们身边也会像正常人一样生活，只是他们的各种怪癖都被隐藏了起来，这是不能为人所知道的污点，一旦公之于众，那么迎接他们的便是无尽的谩骂和羞辱。为了伪装自己，他们将自己"装扮"成普通人，但是他们的内心却怎么也无法克制疯狂的想法。如恋物癖、异装癖、性别认定障碍等，这些怪癖并不是病人的精神出了问题，原因在于他们的心理。而他们会有怎样的失控行为表现呢？

"迫不得已"的变态行为：恋物癖

在现实生活中，有人就喜欢收集古董香水或者芭比娃娃，他们会不惜高价向拥有者购买，因为这些对别人来说或许是无关紧要的东西，对他们而言却是无价之宝。

在心理学领域并换一种收集对象，这便成了一种心理疾病，医学给出的专业名词为"恋物癖"，顾名思义，就是指在强烈性欲望的指引下，无法克制地反复收集异性使用过的东西，且他们爱恋的东西都是和异性的身体有着直接密切接触的。

我们对恋物癖患者的行为定义有两种，一种是患者所收集的物品都是异性穿戴过的，通过这些带有异性味道的东西满足他们生理上的需求；另外一种则是恋物癖患者不只对那些异性直接穿戴的物品爱恋不已，更对异性身体的某一部分有着深深的眷恋，这其中也包含与异性没有关系的物品。这里所要介绍的恋物癖是第一种。

患上这种恋物癖的大多是男性，他们在日常生活中对异性身体或者异性的性器官通常是不感兴趣的，能够引起他们兴趣的是与异性身体有密切接触的物品。他们以此代替正常生理上的性需求，获得生理上的满足以及心理上的幸福感。

20岁的日本学生秋本旭成绩优异，是身边人的榜样，且于18岁时就被美国名牌大学录取。就是这样一位优等生，却有着一个令人匪夷所思的癖——喜欢偷盗异性穿过的内衣。

在秋本 13 岁的时候，他第一次从自己小姨妈那里偷到一件女士内衣，并将内衣偷偷带回家，在夜晚反复地拿出来抚摸。他发现自己心里会因此而产生一种不可言明的满足感，身体随之也产生了极度兴奋的感觉。从这一刻开始，他便沉迷于这种生理和心理的双重愉悦感。因为他样貌普通，再加上年龄过小，并没有在学校交到女朋友，所以不可能通过正常的性行为来满足生理和心理的需求，因此，他就只能在夜晚用抚摸女士内衣的行为来发泄欲望。这种行为持续时间久了，他就爱上了女士内衣。同时，这种爱恋的欲望开始控制秋本，让他无法自拔，为了满足自己的性需要，他开始尝试偷女士内衣，并在这种禁忌隐秘的行为中得到性满足。

秋本每次看到晾在外面的女士内衣，都有想偷回家的冲动。偷窃的时候，他也曾感到不安和无助，但是这个过程只持续了几分钟，欲望便战胜了他的理智。他最初只是一个月偷两件，后来发展成每天都去偷。这种让人羞耻的行为使得他没有办法像正常人一样生活，只能生活在黑暗的阴影中。

秋本明白自己的行为是可耻的，偷内衣的时候也会害怕被人抓住，一旦这个秘密被人发现，那么他在别人心中优良学生的印象便会荡然无存，但是他就是停不下来。在偷盗成功后，那种心理的兴奋是任何成就都无法替代的，就好像吸毒一样，让人欲罢不能。

当然，秋本在事后会很懊悔，对自己的行为憎恨万分。为了缓解这种情绪，他会把偷来的内衣烧掉，或者用剪刀剪得粉碎，然后丢到垃圾桶中。他再三告诫自己，不能再有下一次了，但是这都没起到什么效果，等到他再次看到被晾在外面的女士内衣时，还是会忍不住偷回家。他被这种疯狂的恋物癖折磨着，为了得到解脱，甚至不惜割腕自杀。可惜仍旧没有用，他被及时送医并得到救治，平安归家后，他依旧克制不住偷盗女士内衣的欲望，于是故态复萌。

在他前往美国读书的数年中，为了摆脱偷内衣的癖好，他开始不断地自残和自杀，心中充满矛盾和挣扎，他的性格也从原来的开朗热情变得内向寡言，每天都在怀疑别人是不是知道了他的秘密，每时每刻都生活在惶恐不安中。

为了弥补偷盗行为带来的愧疚和不安，秋本在学校积极投入到学习和研究中，因此得到了教授的喜爱，还将他带到自己的科研项目中进行单独教导。秋本偷盗内衣的行为就这样被很好地掩藏在了他骄人的成绩下。

但是，纸终究有包不住火的时候。在学校里，女生都将内衣晾在室内，他没有办法在外面偷到。可为了满足心理和生理上的需求，他铤而走险，潜入女生宿舍偷取内衣。开始的时候，他成功了几次，因为这种偷盗方式更加刺激，使得秋本在感官体验上更加着迷，再加上内衣被偷的女生没有声张，他渐渐从最初的小心翼翼，发展成了被抓时的肆无忌惮。

秋本被抓住时，他的家人、同学和教授都感到震惊不已，无法想象秋本会是这样一个有着怪癖的人。警察将秋本带回警局，在关押室内发现他的身上有很多伤痕，经过询问得知，这都是秋本在事后对自己的惩罚，但这些悔恨的伤痕仍旧克制不住他偷内衣的行为。警察向秋本的父母建议为他进行心理评估，以此确定秋本的心理和精神状况是否正常。

心理医生在与秋本交谈后，为秋本的行为做出了诊断，他得了恋物癖，随后秋本便被转移到疗养院进行心理治疗。

那么，为什么有人会患上恋物癖呢？是什么导致了他们疯狂的举动？

大多数恋物癖患者性心理都存在异常，他们在潜意识中对自己的性器官感到莫名的担忧，害怕被嘲笑，可又无法克制对性的强烈欲望，在自己无法与正常的异性发生关系的情况下，他们只能将注意力集中在异性使用过、有直接接触的物品上，或者异性身体的某个部位。患者为了得到性满足，会不断地收集这些自己迷恋的物品。

恋物癖的产生大多是受到外部环境的影响，他们对性的好奇与渴望没有得到正确的引导，从而诱发性心理出现问题，最终导致患上恋物癖。他们会千方百计地想要得到心爱的物品，而且这种冲动是没有办法克制的。恋物癖严重者在面对异性身体的时候，是没有太多兴趣的，而是把对性的满足都放在了物品上，至于物品是什么，就没有那么重要了。他们把迷恋的物品作为满足自己性欲的唯一手段，便不会再想与异性发生性行为。

医生认为，大部分恋物癖患者存在性变态心理，他们的精神状况不是很好，在痴迷异性物品时，大多会有抑郁、焦躁的情绪产生。这种癖好常常是一种性幼稚的表现，在刚刚露出苗头的时候，是可以被掐灭的。恋物癖会给真正的性爱带来阻碍，也会给社会风气带来不良影响。一旦患上恋物癖，患者要积极去看心理医生，也要相信这是完全可以治好的。

如何让恋物癖患者与心爱的物品说"再见"

恋物癖是一种性变态心理，是患者对自己心仪物品的错误爱恋方式。这种心理疾病一经发现，就必须尽快就医，否则就会纠缠患者一生，给患者的正常生活带来毁灭式的打击。

让恋物癖患者与心爱的"情人"说再见谈何容易？这就如同让热恋中的情侣分手一样。患者们会为了心爱的物品相思成疾，整日郁郁寡欢，只有再次与"爱人"相聚，才能获得心灵的慰藉。因此，我们不能靠蛮力阻止，要开动脑筋，想出更加稳妥的办法，让他们和平分手。

热恋中的人是不容易被拆散的，而对"棒打鸳鸯"的力量，他们会产生逆反心理，共同对抗拆散他们的人。对恋物癖患者来说，这样的逆反心理也是存在的，当我们强行插手矫正他们的心理疾病时，就如拆散他们的爱情，他们的心情将同失去真正的爱人一般痛苦，并就此产生抗拒治疗的心理。所以，医生为了让恋物癖患者的治疗能够更加平和，就运用了适用于现实男女分手的方法对他们进行治疗，就是现在国际上被广泛应用的厌恶治疗法。

当然，治疗恋物癖的方法还包含认知治疗、暗示治疗等，在临床治疗中，这些方法会结合在一起使用。医生会以病人的成长环境、教育背景、心理状况，以及发病程度等作为制定治疗方案的依据，同时也会根据实际情况调整治疗方案。我们现在就以上文中的秋本旭作为治疗案例，讲述具体治疗的过程。

医生为秋本制定的是以认知治疗和暗示治疗为主，其他治疗方法为辅的治疗方案。暗示治疗，就是运用肢体语言或者其他方式，使患者在毫无感觉的情况下接收到医生给予的积极暗示，从而在潜意识中不自觉地赞同医生的观点和思想理念，以此来缓解他们的心理压力和负罪感。

在治疗的过程中，医生先与秋本进行了沟通，让他尽量放松心情，并根据交流中所讲述的内容及发病过程帮助他寻找患病的原因，同时也为他讲解正常人的性心理发育情况，让他明白自己的行为是错误的，为他建立正确的性认知。

医生通过分析秋本幼年时偷盗姨妈家的内衣并获得第一次性体验，与他之后长期偷盗内衣来满足性需要的行为之间的关系，让秋本明白他通过偷盗女士内衣而不是与异性有任何性接触来满足性需求的行为是一种性心理。只是因为他的第一次性经历是通过女士内衣而得到的性满足，以及他在之后的生活中没有通过正常的性行为来满足性需求，才使他逐渐产生了歪曲的性观念和变态的性心理，最终造成他在性行为上的扭曲。

医生对秋本讲述了正常的性心理和正确的性行为，让秋本明白他的性行为是不健康的，并对秋本进行暗示和引导，使他明白在无法通过正常的性行为发泄欲望时，用幼稚的不健康的方式满足性需求是不对的，成年以后，应该用成年人的方式满足性需要，性行为只能发生在两个人类之间，正常人不会将性作用于物品之上的。

这是治疗的最初阶段，医生采用了认知治疗的方法，帮助秋本建立了一个正确的性认知。当然，仅仅使秋本在对性认知上进行改正，以及重新确立自信心是不够的，还需要暗示治疗，以帮助秋本改掉因为恋物癖带来的自残、抑郁等其他的精神疾病。

秋本告诉医生，他每次在偷完内衣并满足性需求后都非常后悔，而且对自己的行为也会感到厌恶，但每当他看到女士内衣的时候，还是无法控制心中偷盗的欲望。他用锋利的刀具自残，希望用这种方式阻止自己的行为，但都无济于事。

为此，秋本感到无地自容，精神承受着巨大压力，导致了经常性的失眠、抑郁，甚至出现了自杀倾向。为了缓解他的心理压力，医生给他开了没有疗效，但对身体也没有副作用的药物，例如钙片等，并告诉秋本，这些药物是专门治疗恋物癖的，而且疗效非常好。在已经进行的认知治疗的帮助下，服用药物后的秋本精神状态开始转好。这个阶段的治疗需要医生对他进行心理暗示，而药物只是暗示治疗方法的辅助道具。随着精神状态的逐渐转好，一切都开始向更好的方向发展，这使秋本重新建立了治好恋物癖的决心。

在认知治疗和暗示治疗的帮助下，秋本的治疗非常顺利，他的症状在逐渐减轻。但是，如果想要彻底治疗恋物癖，还要进行厌恶治疗，这是治疗方案中最重要的一环，只有接受厌恶治疗后，秋本才能彻底痊愈。

厌恶惩罚，指的是恋物癖患者在把玩物品的时候，思考这种行为所带来的不良影响，使自己在心理上厌恶这种行为，久而久之，患者把玩性物品的时间就会减少。恋物癖患者其实就如瘾君子一般，对某样物品产生严重的依赖，他们只有拥有这样物品，才能得到心理上的满足，才会感觉人生是幸福的。对恋物癖的厌恶治疗就是让他们开始厌恶自己曾经深爱的物品，不再深陷对物品的迷恋之中不可自拔。

恋物癖患者所迷恋的物品大部分是在实际生活中无法与异性进行正常的性行为，但自己又想要发泄性欲望时偶然出现在他们身边的特定物品，这些物品刚好能够满足他们的性需求。他们通过这个物品得到性满足，并在长时间使用这个物品满足自己性需要的过程中形成条件反射，而这个条件反射在他们反复使用物品得到快感中被固定起来，恋物癖就此成型了。

为了将秋本形成的恋物癖条件反射消除，就需要在他想抚摸内衣满足性需求的时候惩罚他。医生告诉秋本，每当他有碰触内衣的想法时，就要在脑海中想到他会到医院进行治疗——并不是主动的，而是在偷窃内衣被抓后才会请医生进行诊治。医生让他想想当时的情况是多么让人羞愧，同时还要考虑自己的行为被曝光后所面临的压力，以及今后将要面对的人生。如果这样还不能阻止秋本恋物的行为，医生就会采用更为激烈的手段，在他把玩内衣获得性满足的时候突然给他一记厌恶惩罚，使他终止恋物行为。

厌恶惩罚中有正惩罚和负惩罚之分，正惩罚是让患者思考因为恋物所受到的各种指责和羞辱，以此来刺激他们为了尊严而放弃恋物行为；负惩罚便是使患者不能再通过恋物得到性满足，用这种方法消除恋物行为。通过这些治疗，可以帮助秋本战胜自己的欲望，不再通过偷盗内衣和把玩内衣获得刺激和性快感。

一切不为生活所迫的偷盗行为都是精神病

21岁的劳拉正在警察局内等待律师的到来，她的罪名是在商场偷盗衣服，而且这已经不是劳拉第一次因盗窃罪被抓进来了。她安静地坐在警察的对面，整个警察局的人都认识这位惯犯。其实劳拉家境很富有，她去商场偷衣服的时候，还开着兰博基尼。她在第一次被抓的时候就告诉警察，她不是为了生活才偷东西，而是喜欢偷东西时的感觉。

劳拉第一次喜欢上偷东西的感觉是15岁，那时她到商场买衣服，看中了专柜中的一件长裙子，可是在她前往试衣间试衣服的时候，放在外面新买的另外一件衣服被偷走了，她发现后非常生气，即便这件事情过去很久，劳拉依旧耿耿于怀。

过了很长一段时间，劳拉再度到这家商场买东西，她一进商场，就发现有一件和自己被偷的衣服一模一样的衣服挂在衣架上。那个时候，她着魔般地伸出双手，快速地将这件衣服放入自己的手袋里，并在紧张不安中飞速地离开了商场。在这个过程里，竟然没有人发现她的行为。劳拉回到家中，将衣服拿出来穿到身上，心里有一种难以抑制的兴奋感。但是这种激情热度很快就过去了，劳拉感觉心中空荡荡的，忍不住再次到商场偷窃以寻求刺激。从这一刻起，劳拉开始了惊心动魄的偷盗生涯。

她来往于各个商场，在自己购买衣服的时候，将导购员指挥得团团转，将试穿的所有衣服放在桌子上，让桌子看起来很凌乱，导购员也无法点清衣服的件数，然后劳拉就在购买衣服时趁导购员不注意将桌子上的某件衣服放到手袋中。当然，劳拉并不止是偷衣服，她也会顺走超市货架上的东西。这种行为一直持续到她 19 岁被抓。

劳拉的家境富裕，父母每月都会给她超过一万美金的零花钱，足够满足她的日常花销，可她就是控制不住想偷东西的欲望。那些被偷回来的衣服只穿了一次就被扔到柜子中，仅仅是为了满足她偷东西的欲望和刺激感。等到这种感觉消失后，她就再次偷窃。

劳拉第一次被抓的时候也非常苦恼，她向警察诉说，自己也不知道是怎么回事，只要进了商场，就算有能力购买衣服，也会在买衣服的时候偷走一两件来满足自己偷东西的欲望。而当满足了这种偷东西的刺激感后，她也会非常后悔，毕竟在他人眼中，自己不是坏孩子，她是篮球队的啦啦队队长，非常受人喜爱和尊敬。

劳拉第一次被抓住时，她的父母向商场赔偿了损失，所以在经过教育后，警察就将劳拉放回了家。最初时候，劳拉的父母对她严加看管，她也停止了偷窃行为，但没过多久，劳拉便忍不住到商场再次开始偷盗生活。她的父母对此非常生气，却又无可奈何，因为劳拉一旦停止偷盗，便会像行尸走肉一般，感觉生活失去了乐趣，无计可施的父母只能放任自流，在她每次被抓后，便按原价给商场支付损失。

劳拉也想不通，她也不想自己从一个人人爱慕的啦啦队队长变成人人喊打的小偷，可她就是无法控制双手，用理智战胜自己的欲望。

其实，从劳拉的偷盗表现来看，这并不是一个简单的需要被谴责的违背道德的行为。心理医生认为这是病态的偷盗癖，是需要治疗的，而不是放任它随着时间的推移而渐趋恶化。

心理医生给出的偷盗癖的定义，是指在人们的心中不断出现、没有目的性的无法克制偷盗欲望而产生的偷盗行为，这与为了金钱而偷盗的行为有着本质上的区别。

偷盗癖患者会去偷东西，并不是因为生活拮据等经济方面的原因，他们什么都偷，并不会因为货架上的商品不值钱而放弃，即便因为偷盗被警察抓住，导致名声受损，也无法阻止他们。因此，偷盗癖就犹如强迫症一样，在欲望的支配下无法自控。因此，我们也将偷盗癖称为强迫性偷盗。

心理医学研究证明，患有强迫性偷盗的患者心中都存在一定的心理障碍，也就是说，他们因为某种原因对偷盗的行为乐此不疲。偷盗人遇到的外在环境不同，原因也各有差异，但是他们的外在表现却都是一样的，那就是不停歇地偷窃，将心中积压很久的抑郁情绪发泄出来，或者通过偷盗来获得刺激。劳拉的衣服被偷走，心中无法释怀，因此在心中形成了非常严重的冲击。所以，在看到与自己被盗的一样的衣服挂在衣架上时，她仿佛回到了被偷的现场，为了报复以及发泄不满，她就将衣服偷走了。

之后，她的潜意识开始对自己催眠，觉得别人能偷东西，那自己也能偷东西。为自己这个行为找到完美的借口后，她开始放纵地偷窃。有研究证明，患有偷盗癖的人中有一部分性格都比较倔强，自尊心非常强，交友的范围并不广泛，也更加自私自利。患者普遍存在非常强的报复心理，任何能够让他们感到被侮辱的事情都可能引发他们的报复行为。

偷盗成功后，患者会产生诡异的成就感，这让他们更加喜欢这种行为，为了能够获得刺激感，他们不断地进行偷盗，并最终将这种行为在大脑中固定下来，形成条件反射，导致偷盗癖的形成。

若想改正偷盗癖患者的行为，就需要在患者偷盗后阻止其获得成就感和刺激感，同时要让患者对自己的行为感到深恶痛绝。只要没有了心理上的刺激作为支撑，患者的偷盗行为就会减少，最终恢复正常。

偷盗癖一罐破摔，还是挣扎求存？

60岁的铃木清毕业于京都的名牌大学，是位较有名气的建筑师。他与妻子生活在东山区，每年的薪资超过800万日元，生活富足无忧。

铃木清放假休息的时候会陪伴妻子到商场中买东西，每当妻子去试衣间试衣服时，他并不是单纯地在外等待，而是四处查看，如果发现有还没拿走的新衣服，他就迅速拿起来放入妻子的包中，然后若无其事地偷偷带走，回到家后，又在妻子不注意时将衣服收起来。铃木并不在乎他偷回来的衣服能不能穿，只求偷窃过程的刺激感觉，这让他本来因为工作压力导致紧绷的神经得到放松。

铃木在很多人眼中是一位成功人士，但让人没想到的是，他竟然有偷盗癖。原来铃木在建筑师行业扬名以后，精神压力的骤然增加导致他夜不能寐，总担心自己的建筑设计会被媒体嘲讽或项目失败。久而久之，他的精神状况变得越来越不好。直到有一天，妻子带着他到公园散心，在妻子与人说话时，他趁人不备偷走了别人放在路边的运动外套。这是他第一次偷东西，也让他第一次感觉到了偷东西的愉快，而且这次盗窃体验使他的精神状况奇迹般地有所好转了，这让妻子误以为经常出门散心会为铃木提供帮助，所以经常与他一起出门散步和购物，这为铃木偷盗提供了便利。

某个休假日，铃木与妻子前往奈良旅游，行走至东向商店街时，铃木的偷盗癖再度发作了。他偷拿了商店的小礼品，可是这次偷盗行为没有成功，还被他的妻子发现了，妻子对此感到非常震惊。回到酒店之后，铃木声泪俱下地对妻子说，他不是有意的，他也很痛恨自己的行为，但是每当心情不好、精神压力过大时，都没有办法克制自己偷盗的欲望。而且偷盗成功后，他会觉得精神很好，心情愉悦，能更好地投入到工作中去。这个时候，他的妻子依旧难以相信，自己成功的建筑师丈夫会是一个偷盗惯犯。

实际上，铃木的偷盗癖主要是因为他的精神状况出现了问题，为了发泄压抑已久的郁闷情绪，他才形成了偷盗癖好。像铃木这样的偷盗成瘾，从精神和心理上来说，主要是两方面因素造成的。

一方面是人格存在缺陷，这样的人本身就有无法说出口的特殊癖好，例如偷盗癖。患有偷盗癖的人没有办法用理智战胜自己的欲望，看到东西就想带回家，用偷盗成功的刺激感来填补内心的空白。这类人的身体和精神都没有出现问题，也没有经济困难，只是单纯地想用偷东西得到的乐趣满足自己，是欲望在驱使他们进行偷盗。

另一方面是精神状况出现了问题，他们的情绪会受到外界影响，变得时好时坏。他们在心情不好或者精神抑郁时会不经意间拿走别人的东西，然后发现自己的精神状态变好了。因此，在又一次心情不好时，他会忍不住再去偷东西，将自己的坏情绪发泄出来。时间久了，他们就会采用偷盗的方式转变心情，并最终成为一种习惯。铃木就是因为工作压力过大导致精神抑郁，但是他又无法与没有工作的妻子诉说，这样只会增加她的心理负担，这使他只能通过偷盗来发泄情绪。

偷盗癖患者很明确自己的行为是有违法律的，每一次偷盗都会在他们心中增加一次负罪感。如果被抓住，他们面临的将是法律的严惩，这会使他们身败名裂。这样的惩罚对精神已经出现状况的患者来说无疑是雪上加霜，但是这并不能阻止他们偷窃的行为。

通过对铃木事件的分析，我们发现偷盗癖患者因为自己的偷盗行为会背负上沉重的道德枷锁。虽然他们在偷东西的过程中发泄了心里的郁闷，但是每当夜深人静的时候，他们就会为自己的行为忏悔，渴望有一天能够被人发现，帮助他们摆脱偷窃癖好。

这是偷盗癖患者隐晦的矛盾又挣扎的心理，偷东西的行为也可以被视为他们想要寻求帮助的办法，他们渴望能够将心中的压力和抑郁告诉别人，但是身边却没有能诉说的亲友，为了自我解放，只能开展偷盗行为。

大部分偷盗癖患者都有一种随波逐流的想法，他们认为既然自己已经伸出了罪恶的双手，还能有比这更差的事情发生吗？有了这样的想法后，他们便在偷窃的道路上越走越远，甚至还产生了被抓住就自我毁灭的可怕想法，并用这种方式来证明自己是一个满身罪恶的人。

因此，人们在面对生活和工作压力的时候，不能总想着独自去面对，应该与身边的亲朋好友诉说，即便不能解决麻烦，通过倾诉也能缓解心理压力。因为屈服欲望而做出偷窃行为，最终只会给自己的人生带来不可挽回的毁灭性打击。

难以抵抗的诱惑力——穿上异性的服装

有些人喜欢穿上异性的服装，在镜子前转身走动，像一个真正的女孩那样。当然，也许你并不是同性恋，因为你有爱慕的女孩；也许你只是喜欢女孩子的衣服，因为它们太过漂亮。但不可否认的是，你生病了，这种病是一种心理疾病，名为异装癖。

韩国的金在闻34岁了，是位牙医诊所的医生，刚刚与相恋9年的女友结婚，作为恩爱夫妻，他们获得了亲朋的祝福。

某日，金在闻的妻子因为忘记带一份文件，便折回家来取。当她推开卧室门后，看到本应该上班的丈夫尚在家中，而且丈夫的身上还穿着她的衣服，脸上画着浓妆，在穿衣镜前如女人一样矫揉造作。这一幕使金在闻的妻子非常震惊。看到妻子，金在闻也非常惊慌，他承认了自己患有异装癖的心理疾病，并告诉妻子，他在10岁偷偷穿上女孩衣服时就知道自己的心理可能生病了，可就是无法停止这种行为。

妻子虽然一时无法接受，但还是说服自己冷静下来，并鼓励金在闻前往医院进行治疗。金在闻也感觉不能再讳疾忌医，应该勇敢地面对自己的心理疾病了。

金在闻是一位温文尔雅、彬彬有礼的帅气男士，我们从外貌和气质上无法看出他居然会喜欢穿女士衣服，且在穿着女士衣服时行为更加女性化。

心理医生跟金在闻沟通后，确定他患上了异装癖，也就是精神医学所说的"异性装扮癖"。医生告诉金在闻，异装癖是非常常见的，只不过这种病症的表现较为隐晦，不易为人所知。

什么是异装癖呢？其实，就是患者通过将异性的衣服和配饰穿在自己身上来满足性的愉悦感，这是一种变异的性需求。异装癖患者可能会在日常生活中穿戴一两件异性的东西，或者直接将女性服饰穿在自己身上。患有异装癖的人多为男性。

金在闻最开始将自己打扮成女孩子是在10岁的时候，他看到沙发上放着妈妈为表姐买的衣服，很漂亮，他便拿起来穿在了自己身上，并跑到妈妈卧室的镜子前，像个女孩子一样转圈，让裙子飞扬起来。他欣赏着自己的样子，心里产生了一种从未体验过的异样的愉悦感。

从这一刻开始，他便再也没有停下异装打扮的脚步。如果长时间没有打扮成女孩的样子，他就会感觉焦躁不安，并在家里不断徘徊，然后不由自主地走到妈妈房间抚摸妈妈的衣服。但是这并不能缓解他情绪上的不安，只有穿上异性的衣服，他的情绪才能稳定下来。因此，每当家中只有他一人时，他就会把妈妈或姐妹的衣服穿在身上，还用她们的化妆品在自己的脸上涂抹，让自己看起来更像女孩，然后到镜子前欣赏一番自己的模样，这时他就能感到异样的愉悦感，情绪也会逐渐平静下来。

金在闻 17 岁时，穿异装的次数有了明显上升。有了零花钱后，他便偷偷去买喜欢的女性衣服。处在青春期的他不再是单纯地欣赏穿上女装的自己，而是在穿女装的过程中感受性满足。他甚至会在手淫的时候幻想自己穿女装的模样，以此得到性满足。

交到女朋友之后，两人在性生活上并没有出现问题，他认为自己已经交了女朋友，并有了正常的性生活，就不会再有异装的癖好了。但事与愿违，女友的长裙、丝袜、高跟鞋等物品对金在闻来说都有着致命的诱惑，他忍不住将这些服饰穿在自己身上，在家中偷偷自娱自乐。但是他的行为终究还是被妻子发现了。

首先要声明的是，异装癖不等同于同性恋，他们的性取向是正常的；其次，异装癖是患者有意识地将异性的衣服穿到身上，以此来满足自己的性需求，换言之，他们穿上女装就会产生性快感。

其实，每个人的潜意识里都存在对另外一种性别的向往与渴望。瑞士心理学家荣格说过，人类的人格中都有两种性别，一种是"阿尼玛"，另一种是"阿尼姆斯"。"阿尼玛"指的是男性的人格中存在女性特征，当男性人格中的"阿尼玛"非常多时，男性就会渴望变成女性，展现女性的特征；而"阿尼姆斯"是指女性的人格中存在男性特征，当女性人格中的"阿尼姆斯"非常多时，女性就会展现出男性的特征——更具野心，并与男性一样不放弃追逐权利的脚步。

如果一个男性长期成长在一个女性环绕的家庭中，往往没有办法通过正常的手段获得男性的特征，他们的性格相较于其他男孩子更加柔弱，情绪也比较敏感，渐渐地便会脱离男孩子的群体，来到女生中间玩耍。久而久之，他会对自己本身的男性特征产生厌恶心理，甚至会为此感到惶恐不安。但是到了女孩中间，他会产生安全感，并觉得自己就是个小女孩。

可真实的性别总是冲击着他们的安全感，为了能够获得心灵的慰藉，他们便将目光投放到女性服装上，甚至在穿着女装的时候产生了性满足。他们开始沉迷异装打扮，逐渐在心理上无法摆脱"异装癖"。

异装癖：窥探内心，寻访缘由

在一般情况下，未婚的"异装癖"患者会购买心仪的异性服装，而已婚的会选择穿着妻子的衣服，并且在穿着女性衣服时都会对自己的仪容进行仔细装扮。在最开始的时候，他们只是因为好奇才穿戴异装，但是没想到会因此上瘾。他们为了防止别人知道自己的癖好，都是偷偷地穿着。因为喜爱女装的心情无法被抑制，他们总会忍不住将女性化妆品和各种配饰买回来使用，开始在家中从头到脚地换上女性装扮，并在镜子面前扭捏走动，直到最后再也控制不住自己，穿着女性衣服出现在大庭广众之下。

"异装癖"患者因为穿上女装而感觉自己变得美丽优雅，在心中升起对自己女装扮相的无限喜爱，而且他们在看到自己的女性装扮后，糟糕的心情会变得快乐。青春期后伴随着性成熟，异装癖患者还会通过穿着女性衣服得到性满足，从而使他们对装扮成女性产生了更高的热情。

也许人们会好奇，为什么异装癖患者会有想要穿着异性服装的心理？是什么导致他们喜欢自己的女装扮相？他们在穿上女装后心中在想什么？其实，这也是我们想要了解的异装癖的内心世界。

这需要从他们年幼的经历说起，在患者年幼时，他们对自己的性别认知还不是很成熟，再加上当他们表现出喜欢异性服装的行为时，身边的人没有及时进行纠正，这最终导致他们的认知失调。

认知失调又名认知不和谐，指的是当下的行为举止和以前对自己行为举止的认知不相符。以前的行为举止基本上是积极的、有正能量的，而现在却将一个积极的认知导向了与此对立的负面认知，让人的情绪处在焦躁不安中。异装癖患者通过穿着女装使情绪得到安宁，由此引发了认知失调。

研究表明，异装癖的形成因素主要有以下几点：

第一，心理问题。异装癖患者在幼年时就可能已经听过或者见过两性行为，并因此留下了负面的印象，所以在思想中对两性关系存在着抵触。因此异装癖患者中的大部分在进行性行为时习惯穿着异性的衣服，如果让他们像正常人一样，就会对他们正常的性生活造成阻碍。也许异装癖患者正是用这种方式让自己对性行为不再感到害怕和恐慌，使他们的心理在穿着异性服装时趋于正常。

第二，生长的家庭环境存在问题。异装癖的产生与个人的生活成长环境存在密切关系，或许是患者身边缺少一个真正拥有男子汉气概的人为他们展现男士的魅力；或者他们的家庭中就存在异装癖患者，长时间的耳濡目染使他们也喜欢上了穿着女装，且并不认为这是错误的；或许是家人在他们还是幼童的时候，喜欢将他们打扮成女孩，以满足自己想拥有一个女儿的心理，并在将孩子装扮成女孩时给予更多的宠爱，让孩子在潜意识中认为只有自己成为女孩才能得到别人的关注和疼爱。久而久之，这个想法在他们的脑海中挥之不去，最终导致他们爱上异装打扮。

第三，教育失误引起的问题。有的家长希望自己的孩子能够温顺懂事，同时还以别人家的孩子做榜样来教育自己的孩子。这让被教育的男孩子长期生活在压抑的精神环境中，为了不再被教导，他不自觉地就会想成为那个懂事乖巧的孩子，如果这个"别人家的孩子"是女孩子的话，时间一长，男孩子的气质中就会带上女孩的特殊气质。

其实，异装癖患者在初期就通过言行举止告诉别人他们生病了，一般在6岁到18岁之间，他们会表现出对异性服装有着超乎寻常的热情，并在青春期性萌动时对穿着异性服装的自己产生性冲动。但是，即便这种行为很明显，身边的家人和朋友通常也注意不到。

异装癖患者一般不敢在大庭广众之下身穿异装，只是偷偷地在家中对自己的女装扮相进行欣赏，但随着他们在心理上逐渐接受自己的形象，便开始穿着女装，打扮靓丽地出现在公众眼前。他们不在意别人的眼光，只享受自己的快乐。这也就使得普通人开始接触到异装癖，同时也对异装癖有了一个更深的了解。

"异装癖"这种心理出现问题的性变态并不会对社会或者身边的人产生危害，他们只是喜欢将自己打扮成靓丽的女性，自娱自乐而已，是普通的性偏离。他们的性取向是正常的，甚至对待生活的态度也是非常积极的。患有异装癖的男子大多会和女性结婚，并在婚姻生活中展现男性魅力，如果他们不说，身边的人很难发现他们有这样的癖好。

该怎么拯救你，那些被遗忘的男子气概

异装癖患者中虽然有一部分已经冲破了传统的观念，但更多的患者会选择对自己的癖好严防死守，终日在隐藏和心惊胆战中度过，所以异装癖患者承受的心理压力是非常大的。如果患者在婚后被妻子发现异装行为，大多会以离婚收场，这些都会给他们的生活带来严重的影响。

在现代医学之中，心理治疗或者精神分析没有给出可以确切根治异装癖的方法，但临床上存在一些通过治疗而痊愈的案例。这些被治好的异装癖都有共同的特点，就是非常典型，并且异装的目的单纯，渴望被治好的愿望非常强烈。反之，那些希望自己能像真正女性一样出现在公众面前的患者并不愿意配合治疗，且对治疗存在抵触心理。

医生在治疗异装癖的时候采用的是"精神分析治疗法"，这需要患者主动配合。在这个过程中，如果患者的情绪出现问题，或者因为其他原因造成精神不稳定，就需要家人或朋友在身边进行鼓励，劝说他们继续治疗。医生会为患者提供一处安静的治疗室，让他们的精神得到放松。

除了以上几点，在治疗的过程中还需注意以下事项：第一，在患者出现异装癖行为的早期，家人就应当立即送他们就医。异装癖多发于儿童或者青少年时期，如果家长发现孩子出现了异装癖行为，在尽快就医的同时不要用严厉的态度责骂他们，毕竟他们本身就承受着过重的心理压力。这个时候，要用温柔的态度对待他们，带他们出门散心，帮助他们融入到同龄同性的伙伴中，使他们的精神得到放松，眼界更加开阔，就此将这种癖好在萌芽时期扼杀。

第二，幸福的婚姻以及妻子的宽容能够帮助成年患者摆脱异装癖。患者在成年后，能够正常与异性相恋，并与之缔结婚姻。如果妻子发现了丈夫异装癖的行为，要试着去接受并包容丈夫的癖好，营造和谐幸福的家庭氛围，鼓励丈夫就医，通过整个家庭的帮助，便可以控制病情。

第三，因为异装癖而产生的性癖好也会随着治疗渐渐好转。有一部分患者会因为异装的癖好形成性功能障碍，他们只有穿着异性的服饰才能获得性快感，或者幻想自己穿着女装的模样才会产生性冲动。作为妻子，切忌打击患者的自信心，要尝试鼓励他们，特别是在进行夫妻性生活的时候。由此帮助他们摆脱精神上的焦虑不安，渐渐使其性功能恢复。

第四，对异装癖患者的认知进行纠正。这个治疗的方法主要针对那些认知失调的患者，在治疗过程中，医生会通过安抚沟通的方式唤起患者经历过的幼年时光，去寻找已经被遗忘的导致他患上异装癖的最初原因。然后将原因明确地告知患者，使其明白自己在性别角色识别上受到了某种不正常的限制，让患者正确认识到自己的病情以及带来的不良影响，这样他才会积极主动地配合治疗。

第五，异装癖也可以通过厌恶治疗中的橡圈弹痛法来控制病情。这个方法是在患者的手腕上戴上一根橡皮圈，只要他有想要穿女装的想法和行为，就拉扯橡皮圈使手腕感到疼痛，这样可以抑制心中的欲望，阻止患者想要穿女装的行为。当然，这不是盲目的拉扯，患者必须记住自己拉扯的次数，只有拉扯的次数不断降低，才能说明治疗有效果。这种治疗方法可以一直持续下去，直到该癖好完全消失。

性别认同障碍的痛苦：奈何不是女娇娥

有些男性在思想上认定自己是女生，羡慕那些打扮青春靓丽的女孩，暗恨自己为什么是男儿身。久而久之，这种想法愈发浓烈，为了能够实现自己成为女性的梦想，有的人不惜去做变性手术，我们在现实生活中经常能够看到这样的报道。也许有人认为这太疯狂，是男人难道不好吗？毕竟男人也是有属于自己的性别魅力的。

其实，这些人并不疯狂，也不是不喜欢男性魅力，而是患上了一种病，即性别认同障碍。患上这种病的人在意识中认定自己的性别与实际相反，并且会产生异性性别才会有的行为。

美国有一位金发碧眼的帅气男孩，他的名字是乔。自从他能记事开始，就在内心里认定自己是个女孩。在上高等中学之前，他都留着金色的长发，打扮成女孩的样子，会像其他女孩一样喜欢织毛衣、设计美丽的裙子。时间久了，身边的朋友都误以为他是个女孩。同时，他很厌恶男孩子会做的事情，比如他认为踢球会流汗，让自己变得不干净，认为聚在一起抽烟打架过于暴力等等。

乔的父亲是一位远洋船上的船长，每年大半的时间都在船上度过，很少有时间能够陪伴乔，而且乔的父亲是一个严肃内敛的人，即便是留在家中，也不会跟乔有过多的交流。乔更多的时候是跟家里的女性长辈待在一起，并从她们身上学习到了女性的特质。乔的女性举止从小到大都在遭受哥哥的无情嘲笑，他讽刺乔娘娘腔，长这么大连属于男人的游戏都没有参加过……即便如此，乔依旧不为所动，每天仍旧快乐地和女性朋友玩闹，跟着家里的女性长辈学做饭、插花，做着女孩会做的所有事情。

乔身边的朋友都是女孩，她们如影随形，并与乔成为了很好的闺蜜。但是，当乔的青春期来临，他的第二性征越来越明显时，他的闺蜜们才知道这个美丽的金发女郎原来是男孩。她们开始排斥他，将他从姐妹的团队中隔离了出去，而他又不喜欢男孩子的团体，更有曾经把他当成女孩暗恋的男生对他感到恶心，不断地恶意攻击他。随着乔青春期的到来，他产生了性冲动，但他的性幻想对象却不是美貌的女孩子，而是与他一样英俊高大的男性，这些事情都让他与周围的环境格格不入，使他感到无助和迷茫。

周围的指责和嘲讽压得乔喘不过气来，他终于承受不住了，于是便选择了离家出走，甚至想寻找一处没有人打扰的地方结束自己的生命。幸运的是，他最终被家人找到了。但是从这一天开始，他就再也不想回到学校承受同学和曾经朋友们的冷嘲热讽了。乔坚信自己是女孩子，只是上天在让他来到人世时给错了性别，他渴望能够通过变性手术成为真正的女孩，这样他就可以作为女孩正大光明地生活，并如愿和心爱的男士来一场轰轰烈烈的爱情了。

通过乔的事例，我们能够了解到他的生理和心理出现了对自己性别认知的偏差。换言之，在他的男儿身中有一颗女性的心，这很容易形成性别认同障碍。这种心理疾病发生的概率非常小，病人多以男性为主，并因为实际生活的地域不同，发病率也不同。

性别认同障碍的患者大多对自己的生理性别感到不满，并渴望转变成与之相反的性别。这类精神疾病的诊断一般会用在变性人身上。在与这些患者的交流中，医生发现他们在生活中的言行举止与他们的心理性别一致，向别人介绍自己时也会使用心理性别，并且渴望被他人接受。

他们深信自己有着与心理性别一样的感情和心理反应。例如，乔最喜欢的就是为芭比娃娃设计衣服，并为它们穿戴整齐，他还喜欢侍弄家中的花草，用花做各种花球，比任何一个女孩子都乖巧。更重要的是，他如其他女性一样，渴望得到男性的关爱，并将自己摆在女性的角度上看待各种问题。

当然，并不是所有的"男人婆"和"娘娘腔"都患有性别认同障碍，这些人只是有着另一种性别的特质，等青春期来临，这种特质就会消失。只有那些抛弃了自己的真正性别，并在心理上认同自己是另一种性别的人才是性别认同障碍患者。

患上性别认同障碍的人大部分都是痛苦的，他们无法接受自己的真实性别，又与身边的人格格不入。他人的排斥和侮辱，让他们痛苦、迷茫、无助，但是他们的信念是坚定的，并渴望着有朝一日能够真正成为女性或者男性，等待期盼的爱情到来。

那些对异性性别的渴望到底来自何方？

性别认同障碍的外在表现存在多样化的特征，心理学家对其形成因素做出了如下归纳：

第一，生物学因素。人类从父母那里得到决定属于个体的基因性别，并在母亲的子宫内发育成胚胎，因为染色体的不同，性别发育随之逐渐定型，有的胚胎发育成为男孩，有的发育成为女孩。不过，胎儿在发育的过程中，如果胚胎的异性激素过高，就会导致女性胎儿产生男生性格或者男性胎儿产生女生性格，他们出生后，便极易形成性别认同障碍。例如，孕妇在孕期中吃了一些含有激素的药物，便会导致激素不稳定，最终造成孩子在性别认同上出现障碍。

第二，生理因素。这是指人们外在的生理肌体出现缺陷，即与性发育有关的生理机能出现问题，如性发育迟缓、性激素不足或者性器官受到损伤等，都可能引发人们对自己性别的认同障碍。

第三，心理因素，指的是人们心中对自己性别的一种主观判定。男性的生理和心理性别一致，表现为强烈的保护欲，展现更多的男性魅力；女性生理和心理性别一致时，表现的是属于女性的柔美，是一个被保护的角色。当生理和心理性别不再一致时，患上性别认同障碍的人就会产生恐慌和焦虑，为了缓解情绪上的不安定，他们会采用转变性别的变性手术，让自己成为真正的男性或者女性。

第四，先天因素，指的是性格中天生就存在着另一种性格的特质。女孩天生就具有男孩性格，生性喜动，体格比普通男性还要健壮；男孩天生爱好安静，举止比女孩还阴柔，长相貌美。

第五，后天因素，这个原因存在很多种，但是更多的是家庭教育出现了问题或感情上受到了重创等。其中，家庭的教养方式出现性别认同障碍占的比重更大，比如有的父母没有女儿，他们为了满足养育女孩的乐趣，便将儿子从小打扮成女孩子，让他们在年幼的时候就有一种自己是女孩的错误性别认定，以至于这种心理认定错误根深蒂固。

不管是在生物学、生理学还是心理上的原因，或者是先天因素的影响，患者的父母都应当注意不能强制要求孩子去改变，而是尽量顺其自然。如果是后天形成的，那么就要查找原因，帮助患者纠正自己的病症，让他们摆脱负面情绪带来的焦躁和不安，得到更好的治疗。

患上性别认同障碍是终生的还是暂时的？很多喜欢男孩东西的女孩，在长大后就会抛弃那些喜好，让自己的行为举止更淑女，而有的人则会认定那个错误的性别，终生生活在痛苦中。

如乔一般，他渴望成为女孩，而且这种渴望已经跟随他超过了20年。在过去的20年中，乔像女孩子一样生活，直到他的青春期来临，再也不能自由自在地做女孩，他备受同学排挤和嘲讽，心中压抑痛苦不安，最终导致他出现自杀的倾向。即便乔通过手术将自己变成女孩，他之前所接受的精神创伤也是不可改变的。所以，患有性别认同障碍的人应该做出一个正确的性别选择，他们的父母也应当做出选择，这个选择关系着患者一生的幸福。

Chapter 05

学会向自己失控的情绪道歉

——自我情绪分析

在我们身边可能会出现一群喜欢吃"变态辣鸡翅"的人，他们总是一边擦汗一边大呼辣得过瘾；对于不能吃辣的人而言，这种味蕾的冲击简直是让人掉眼泪的折磨。"变态辣"是味觉或者心理上的一种强烈刺激，它间接反映出人们情绪的波动和心理变化。心理学家研究发现，麻辣在一定程度上可以满足人们的情感需求，喜欢爆辣的人往往充满激情，这种短暂、猛烈的情绪是在火辣的诱因下瞬间爆发出来的，而且火辣辣的刺激可以让情绪得到隐形诉求。

　　现代社会发展的脚步越来越快，人们的工作压力也越来越大，以致很多人都存在或多或少的情绪问题，只是因为这些问题并不会影响到正常工作和生活，所以也不被特别关注。直到情绪无法被人们掌控，导致人们因为情绪出现了不同的面孔，这些千变万化的情绪在失控时会让人们一天变化数次面孔。无论是性格高冷，还是随意潇洒，总会受到情绪影响。很多情绪是不被人们自主控制的，它们的发生是突如其来的，特别是在人们面对恐惧、焦虑的事情或者环境时，突发的情绪会使得面部表情管理无法正常进行。

　　你有没有因为各种不同的原因彻底失去对情绪的控制，导致自己从心理到身体的控制权都被情绪所掌控？

突如其来的恐惧：急性焦虑症

　　焦虑症是每个现代人都可能患上的疾病，不过并不是所有的焦虑症都会让人产生惊恐的情绪，使人们的面部表情发生扭曲。倘若人们身处普通环境，或者没有发生突发事件却产生了焦躁的心理反应，便可视为急性焦虑发作，它是焦虑症的一种。

　　这种病症发作的时候，病人的头部剧痛无比，但是本身并不会昏迷，事后也能清楚地记得发病时所经历的痛楚。研究表明，焦虑症频繁发作的人数占该类人群的五十分之一，其中女性患上急性焦虑症的人占多数，这种焦虑症一般在 20 多岁的时候发作。

　　当这些患者在悠闲地剪裁着花枝，准备做一个好看的插瓶，或者听着优美的音乐看着书籍时，不管当时的心情如何美好，都会被突然而至的惊恐情绪所包围。这并非是看到害怕的物品而导致恐惧，人们看到毒蛇时也会感到寒彻骨髓的恐惧，当毒蛇没有发起攻击并转头离开后，伴随人们的那种恐惧就会随之消失，这是真实存在的恐惧，它存在理由和源头。但急性焦虑症的恐惧来临是没有原因的，它总在没有预警的情况下包围我们。

　　这种恐惧的感觉非常猛烈，患者会出现眩晕、耳部空鸣、心脏跳动加速的症状，并伴随一种窒息的错觉，感觉下一秒就会死去。身边的人发现这种可怕的情况时，大都以为是心脏病发作，待送医后，却发现病人不药而愈了。

　　其实，患者也会对自己的情况产生怀疑，认为自己可能需要到医院检查，确认自己的心脏是不是有问题。不过，这些病人到医院做检查后，检查报告明确显示他们的心脏很健康，因此这种突发事件也就不再被重视了。但没过几天，病症再度发作，而且之后发作的间隔越来越短，这就导致他们开始日夜恐惧，不敢踏出家门，也没有心思工作，担心自己不知何时就会发病。无病却不时发病，着实让人百思不得其解。

这种病症将他们的神经折磨得不堪一击，一有风吹草动便如临大敌，每天都生活在惶恐中。终日的忧思郁结只会加重病情，患者没有勇气向他人倾诉，也不敢去看心理医生，只能一个人默默承受所有的痛苦。

实际上，这些人只是心理、精神或者遗传出现了问题，或是受生活节奏加快、工作和生活压力增大等因素的影响。患病的人中大部分是完美主义者，另一部分则敏感多疑，总是担忧自己已经完成的事情是否存在差错或不够完美，将小事无限放大，造成心理上的压迫，最终出现惊恐的情绪。

惊恐情绪发作持续的时间在 15 分钟以内，不过也有患者表示他们发作的时间要更长，这也许是因为患者处在痛苦中，无形中将时间拉长了。一般情况下，各种症状在发作 10 分钟左右会达到最高峰，之后会慢慢减退，这个时间大约会持续一个小时，而且发作的频率没有规律可循。

针对急性焦虑症，即惊恐发作，医生会采用三种治疗方法：第一，认知行为治疗，也就是患者害怕什么就让他们做什么，将心理上这种恐惧淡化，达到治疗的效果；第二，跑步治疗，即在固定的时间内有规律地跑步，这个方法起效是最慢的，但是效果不错；第三，药物治疗，医生可以给病人开抗惊恐的药物，以 2—5 个月为一个疗程，但是西药是有副作用的，可能会让身体产生不适，甚至出现精神方面的抑郁，中药的效果则比较慢，所以医生会建议患者先进行自我心理调节，然后配合心理治疗，最后再采用中西结合的药物治疗。

以上是在患者已经发病的情况下采用的治疗方法，其实，最好的治疗是在惊恐情绪萌芽时就将其掐灭。如果想要免受惊恐情绪的打扰，就需要我们随时保持乐观积极的心态，控制自己的情绪不因为压力过大而崩溃。

在心理治疗的过程中，患者掌握着治疗主动权，因为只有患者才能发现自己的情绪陷入了惊恐中，出现胸闷、头晕目眩以及窒息的感觉，这些预兆发作的时候，他们需要慢慢平复自己的心绪，使自己从惊恐的情绪中解脱出来。这个过程可以借助药物来缓解，同时可以给自己一些自我暗示，告诉自己无论何种困难都能克服，让自己充满自信。当然也可以做瑜伽或者到健身房运动，让紧绷的神经放松下来，以使治疗事半功倍。

忍受不了信息的轰炸，却也承受不住信息的消失

现如今，我们可以通过各种渠道获得很多信息，这些信息一刻不停地从四面八方进入我们的大脑，吵得我们没有办法正常休息，恨不得将这些塞进来的"噪音"一扫而空，为此可能还会产生头晕眼花、胸闷窒息的感觉。但是当这些信息一瞬间全部消失时，我们又会感觉无所适从，开始出现不安、焦虑和惶恐等症状。这些现象是信息焦虑症的表现。

在坐公交、等飞机，甚至就餐的时候，很多年轻人都在低头看手机，成为了新时代的低头一族。手机的上网功能使我们足不出户就能知道身边或者世界上发生的重大事件，通过手机，可以随时联系亲朋好友，手机俨然成为了我们能够随时随地接收信息的接收站。在室内，我们可以用电视或电脑了解新闻、获得信息，通过聊天软件进行沟通，每天都在接收各种信息的狂轰滥炸。

丹尼尔在一家电器公司做销售，因为工作原因，他需要收集金融、教育、历史、天文地理等信息，其中还包含日常生活的方方面面及世界上发生的各种重大新闻事件。只有将所有的信息都掌握了，他才能按照客户的喜好来聊天，让客户在快乐的聊天中购买自己的产品。

除此之外，丹尼尔还需要通过脸书、电子邮件、短信、电话等方式与客户

联系，一方面是开展售后服务，另一方面是为了培养新客户。繁重的工作使得他每天都很忙乱，下班回到家会感到身体和精神上很疲惫，陪伴父母的时间也很少。手机铃声总会时不时地响起，严重影响到了他的睡眠。后来，一听到手机铃声，他都会产生恐惧和不安的情绪，有一瞬间会忘记要跟客户说什么，这让他非常焦虑。他也曾想过辞去工作，但是生活压力离不开这份经济来源，所以只能继续生活在焦灼不安中。

研究表明，从事记者、广告策划、产品销售还有网络工作的人是信息焦虑症的高发者。他们的工作性质决定他们需要通过不同的途径获取各种信息资讯，而且是不加筛选直接存放到大脑中以备使用。但是随着信息的快速更新，他们大脑还没来得及消化旧信息，新信息就迫不及待地涌入，这样就造成了旧信息和新信息的冲突。人的脑容量有限，承受不住这样海量的信息，严重者会导致大脑罢工，拒绝再接收外界信息，最终导致需要信息但没有接收到的人在情绪上出现不安和焦躁。

因为工作需要，即便大脑处于极度疲劳中想要休息一下，也没有办法阻止这些信息的涌入。很多人已经养成时刻关注信息的习惯，如果没有接收到消息，他们便会坐卧不安。即使他们远离一切电子产品，却仍旧离不开信息的轰炸，因为身边的人也是信息传播媒介，可以说信息是无处不在的。

研究人员按照病症的不同程度将信息焦虑症分为四种：信息焦虑、信息恐惧、信息抑郁、信息狂躁。这四个等级的发展情况如下：信息焦虑患者在没有信息的时候会发生走神、整个精神处于放空的状态，同时与身边人的交流也会逐渐变少；随着焦虑状态的加重，患者会出现信息恐惧，因为没有接收到信息，便会陷入坐卧不宁、惊恐不安的状态中，总幻想有信息到来，时刻准备着接收信息；之后就是信息忧郁，患者因为身边没有信息环绕，整个人显得精神抑郁，独自一人快快不乐，与周边的人格格不入，而且身体也出现了不适的症状，例如头晕目眩、耳鸣等问题；病情再度加重的患者会陷入狂暴与躁动不安中，一方面期盼着信息的到来，一方面又暴躁地不想面对信息的狂轰乱炸，精神较为亢奋。

虽然我们身处在信息洪流中，却不应该被信息左右，而是应主动控制它，让它成为我们手中可以利用的工具。人的任何行为都应该是有目的、有选择的，接收信息也不例外。在这些海量信息中，有很多是我们并不需要的，所以我们可以按照自己的需求对这些信息进行分类，拒绝接收无用的信息，为大脑减负。信息并不是生活的全部，生活中还有很多美好的事情等待我们去发现和寻找，我们可以喝一杯红茶，享受难得的午后时光，听一首优美的音乐，邀请伴侣共舞一曲，彻底将信息忘掉。

驱散焦虑阴霾的利器：暗示与美食

想要远离焦虑，需要身体开启自我防御机制，保护我们免受焦虑的打扰。自我防御机制是弗洛伊德提出的，当我们在受到情感或者肢体伤害以及外界的威胁时，为了避免情感无法接受现实，身体会做出相应的保护应激反应。焦虑就是一种身体为自我保护而无意识开启的，以一种不正常的情绪发泄来缓解不安和痛苦，具体表现为否认或接受现实、压制情感、将情感转移、替代或者投射，甚至升华等 11 种形式。

医学精神分析表明，自我防御机制是心理上对自己的保护，通过某种形式保护我们在情感上不受创伤。但是，自我防御机制实际上是对现实的扭曲，是在我们无意识的情况下开启的，它只会将那些对我们造成伤害的真实事情进行歪曲或者遮掩，形成一种逃避心理。

无意识开启的自我防御机制是为了确保我们不受焦虑侵袭，但这种防御并不长久，还应当依靠我们自己进行调节。现如今，生活节奏加快，每个人都承受着不同的压力，而压力带来的就是焦虑，为了克服这种焦虑，需要我们自己内心强大，将这些压力化为相应的动力，焦虑也就会随之消失了。

如何让自己的内心更加强大且消除负面情绪呢？我们可以每天早晨给自己一个鼓励，为自己建立坚定的信念，即便在工作中面对各种负面情绪也要应付自如，这样才能在焦虑来临时保持平常的心态，并确信我们能够依靠自己的力量打败焦虑情绪。

其实，每个人都对成功充满渴望，面对失败我们难免感到焦虑、愤怒、郁郁寡欢，而且随着打击越来越大，所带来的挫败感就越重，我们也会失去平常心，随之而来的便是心理失衡，并会逐渐导致心理疾病的爆发，我们的身体会出现头晕目眩、胸闷气短、面色苍白等症状。如果我们能够满足于现在的生活并心怀感恩，那么焦虑带来的心理疾病就可以通过自我调节得到控制，最终趋于消除。

让内心强大起来，勇敢正视现实带来的压力和痛楚，不要轻易怀疑自己可能生病了，从而对生活失去兴趣。我们要将导致焦虑的各种原因都抛诸脑后，不要去担心身边的人会把那些无关紧要的事情当做谈资。如果可以，要学会倾诉，这是走出焦虑的切实可行之法。

医生对焦虑症的治疗除了自我暗示以外，还有心理治疗、物理治疗、传统的中医治疗与食疗等。如果有人想要摆脱焦虑症的困扰，那么首先要做的是自我调节，每天给自己一些暗示，让自己的情绪得到有效控制。如果没有起到很好的疗效，那就需要寻找专业的心理医生帮助我们克服焦虑症，在治疗过程中，心理医生起到了疏导作用，目的是让我们将焦虑的事情说出来，以便消除焦虑。而更严重的焦虑症状就必须用药物或物理治疗来控制。

除了上述几种治疗方法外，食物也可以缓解甚至消除人的焦虑症状。例如低脂牛奶，研究表明，人们在摄入较多的钙质后会变得更加快乐，情绪更稳定，不会因为突发事情而过于激动。在我们的生活中，动物乳制品是钙的主要来源，其中低脂牛奶的钙含量更丰富。

五谷杂粮中含有微量的硒，这是一种人体需要的矿物质，它能使人的精神处于兴奋的状态中，在碳水化合物中加入矿物质硒能够很好地对抗精神抑郁，并且它对焦虑症患者的焦虑情绪和暴躁不安的行为有很好的缓解作用；大部分水果中都含有维生素 C，而维生素 C 可以增强身体抵抗力，体魄抗压能力的提高可以间接增强人们内心对抗焦虑的能力，使人在遇到挫折时依然能保持乐观的心态；菠菜的绿叶中含有大量的镁，人体摄入微量的镁可以消除身体的疲惫感，让精神得到放松，如果人体中缺少镁，精神疾病，特别是焦虑症便会趁虚而入，所以日常生活的饮食要保持营养均衡，不给疾病可乘之机；研究证明，居住在沿海地区的人患上焦虑症的几率比生活在内陆的人低，这是因为大海能够让人的胸襟更开阔，面对大海，很多烦恼都可以被抛却。同时，海鱼含有丰富的 Omega-3 脂肪酸，以及用来抗抑郁的药物成分碳酸锂，它们能将神经传导的路径阻断，提高人体血清素的分泌量。

以上这些食物都能够帮助焦虑症患者缓解焦虑，而有些食物却可能加重我们情绪的焦虑，例如碳酸饮料、酒水、油炸和腌制食物等。此外，睡前应当避免喝过量的咖啡与浓茶，否则失眠会导致焦虑进一步加剧。

不要排斥恐惧，这是一种功过"双修"的情绪

恐惧是我们每个人都会出现的情绪，多发生于突如其来、意料之外的事情上，表现为情绪失控、陷入极度的恐惧中。这是一种心理、精神或者身体受到刺激而做出的强烈的应激反应，是高等生物才会有的一种特有情绪。

生物进化论学家达尔文说过，哺乳类动物与灵长类动物在受到恐惧袭击时的表情是一样的，它们的眉梢上挑、眼睛睁大、瞳孔放大、嘴无意识地张开，并发出刺耳的尖叫，有的甚至面部出现扭曲、呼吸暂停，最终昏迷。这是在感

到恐惧后无意识的行为，是高等生物的一种发泄方式，同时也是对危险做出的预警。

依据人们面对恐惧的不同反应，表现出恐惧的程度也是不同的。程度最强烈的恐惧会导致身体肌肉不由自主地强烈颤抖、汗毛直立、冷汗直流、身体呈现僵硬状态，而且身体各器官也随之发生变化，出现思维停滞等症状，这就是我们俗语中所讲的"呆若木鸡"。而身体孱弱的人会因为惊恐导致惊厥，这是人们心理上在面对恐怖画面时的一种自我保护反应，昏厥了就可以不用面对可怕的现实了。甚至有人醒来之后会把昏迷的原因忘掉，这是人们在潜意识中自我规避恐惧的反应，选择性忘记以拒绝回忆起任何可怕的事情。

恐惧是人类和部分高等生物所拥有的一种面对可怕事件的心理活动，恐惧情绪是我们情感的一部分，存在于人类的意识和感觉中，我们在体验了极度的恐惧后会对快乐有更深的体会。在经历了身体到精神的恐惧体验后，人们的身心就会感觉到前所未有的轻松，有一种摆脱枷锁如释重负的快感，身体因为恐惧所带来的僵硬也在这一刻得到舒展，呼吸就此变得平缓，内心充满从未有过的幸福感和满足感。有学者认为，这种现象是深藏于人类潜意识中最原始的、从未被我们发掘出来的心理和精神愉悦感，它们在人类经过恐惧的情感释放后来到人们的感知中。

产生恐惧的原因是多种多样的，我们根据这些原因对恐惧进行分类，比如社交恐惧症、广场恐惧症、特定恐惧症等。其中特定恐惧症比较常见，指的是人们对某一个特定物品或者动物产生不正常的恐惧感。研究证明，这种恐惧大部分来源于在幼年时期所遭受的惊吓，有人小时候很害怕蛇，因为幼年时与蛇的一场不期而遇让他们感受过恐惧，而这种恐惧会随着年龄的不断增长而消失。不过特定恐惧症并不会随时间的流逝而消失，这种恐惧的情感只针对一种特定的事物，例如蟑螂、老鼠或者尖利的器物等。特定恐惧症是可以经过心理治疗得到改善甚至痊愈的，但是有一部分患者在对一种物品的恐惧消失后，又会对另外一种事物感到恐惧，所以心理医生在为患者治疗的时候，要确保患者的病症不会反复。

其实，人们心中怀有对某个事物的恐惧之情并不是件坏事。心理学专家认为，我们每个人的心中都存在对某事物的恐惧，只是这种恐惧的程度各不相同，如女性对自己容颜衰老的恐惧，人类对死亡的恐惧、对失败的恐惧、对危险的恐惧、对失去或者身边环境改变的恐惧等。这种恐惧的感觉，会在我们的心里形成一道自我防御机制，在突然遭遇恐惧事物时，我们的身心与精神会做出必要的准备，采取应对措施。

现实中，很多人并不畏惧恐惧，甚至为了体验恐惧带来的刺激会主动体验恐惧经历，如高空跳伞。大部分人对在高空失重坠下有恐惧的感觉，但是这不能阻止寻找感官刺激的人。即便他们在飞机上双腿颤抖，舱门打开，准备跳伞的时候身体也会不由自主出现恐惧的表现，但是等他们跃出舱门体验到高空跳伞带来的刺激后，就会忍不住想要再次参与到这种冒险中。其实，这是通过高空跳伞将潜意识中的恐惧情感释放出来，使人们的内心再度归于宁静的结果。

在平静的生活中，人们恐惧的事物是很少的，我们经常将恐惧情感压抑在心中，这需要找到一个发泄口将它释放出来。就好像人们遇到悲伤的事情，就想要吃甜腻的巧克力来获得满足的幸福感；在看到悲剧故事时，生活无忧的人也会随着主人公一起流泪痛哭，将生活中的不快一起流掉，让自己的心情更加明朗快乐。

匪夷所思的恐惧：隐藏在内心深处的黑暗

在生活中，有些人会对某个特定的事物感到恐惧，而且这种恐惧是没有理由的，别人对他们突如其来的恐惧会感到莫名其妙，因为他们害怕的事物在其他人的眼中是非常普通的。有些女孩看到蛇后会放声尖叫，而男孩却会将蛇拿到手中，甚至将蛇缠绕在颈间嬉笑玩闹；有的人会对密集的人群感到惊恐；有的人对一些传染性疾病感到惶恐，控制不住害怕的情绪，而且为了发泄恐惧情感还会做出极端的行为；有的人对尖利的物品感到恐惧，不能接触甚至是看到这些物品……人们对这些事物怀有恐惧感是有诸多理由的，我们对这些理由进行深入的了解和挖掘，也许就可以寻找到能够克服恐惧情绪的方法。

日本恐怖漫画家伊藤润二创作了一部名叫《旋涡》的恐怖漫画。在这部漫画中，主人公秀一的父亲出现了异状，他开始疯狂痴迷旋涡图案，已经到了不可救药的地步。为了满足自己时刻能看到旋涡图案的欲望，他将家中的沙发、台灯、壁纸等物品都换成带有旋涡图案的装饰，正常人盯着旋涡图案看几分钟就会感到头晕目眩，但是秀一的父亲却会用一整天的时间盯着这些图案看。时间久了，他的身体器官也发生了明显的变化，他的眼睛开始像钟表一样能够顺时针转动，走路时也不再沿直线前进，而是在原地转圈。秀一的父亲深陷旋涡中不可自拔，最后他将自己的身体蜷成旋涡状塞进了定制的木桶中，就这样死去了。

家人在木桶中找到了父亲的尸体，秀一的母亲没有办法接受丈夫以这种方式死去，她承受不住打击，开始对带有旋涡图案的物品感到恐惧，如水滴造成的旋涡波纹、海螺的外壳，还有人的指纹，这些都让她极其恐惧。为了不看到旋涡图案，她甚至将手指和脚趾上的指纹全部划破，秀一担心母亲会再次伤害自己，就将她送进了医院。

可是在医院中，母亲同样会被旋涡图案紧紧包围，她告诉秀一，输液的药瓶在向下滴的时候会产生旋涡波纹，来给自己检查的女医生头发盘成旋涡花苞的样子，甚至她看到医院耳科室贴的耳部旋涡图案也感觉恐惧。最终，母亲为了摆脱这种让人窒息的恐惧，在一个夜晚用长剪刀从耳部刺入大脑，结束了自己的恐惧生活。

漫画中，我们已经知道了秀一母亲恐惧产生的原因，丈夫离奇的死亡让她无法释怀，以至于每次看到旋涡图案心理上就会产生悲伤痛苦的情感，同时勾起她不愿面对的回忆，这就促使她选择用极端的方式发泄恐惧情绪。实际上，每个人的恐惧都是有原因的，它主要来源于一些可怕记忆。如果人们可以走出这段记忆，那便是战胜了恐惧；倘若人们一直生活在对这段记忆的恐慌中无法忘怀，最终便可能会走上秀一母亲的道路。

人们为了能够逃避恐惧情绪，会选择回避自己恐惧的事物，例如患有恐高症的人不会轻易前往高处，害怕人群的人只愿意待在家中。但是一些患有严重恐惧症的人已经到了不得不前往医院就医的地步。

很多年前，心理学家就对产生恐惧的原因进行过研究，并得出了诊断特定对象恐惧症的标准，这个标准是以美国的《精神疾病的诊断和统计手册》为基础颁布的，包含有这几种：（1）因为某个特定的事物或者情境出现，或者患者自己出现超出实际的想象，并毫无逻辑地长时间处于恐惧情感中。（2）患者明白自己的恐惧情绪是不正常的，但是却没有办法控制，他们渴望摆脱过度恐惧的情绪，但是自己无能为力。(3)恐惧带来的极度惊恐情绪给患者的工作生活带来了极大的不便，甚至威胁到他们正常的社交人际活动，同时带给患者无数的痛苦和折磨，让他们的生活变得非常糟糕。（4）在面对特定事物时，患者会产生一些过激反应、情绪焦虑、恐慌不安或者不敢面对恐惧事物的症状，这是身体对恐惧的一种应激反应与情绪发泄。

秀一母亲的恐惧症是特定对象恐惧症，又名单一恐惧症，指的是对一个特定事物或者对一种特定环境的恐惧，如对广场、车站，或者对蛇、老鼠、蟑螂等的恐惧。特定恐惧症的发作多是由于受到不正常刺激引发的，这种恐惧症很容易痊愈，但是一部分患者在摆脱了对一种事物的恐惧后，会接着陷入对另一种事物的恐惧中。特定对象恐惧症发作的症状有四点：第一，对自然界中存在的事物或者环境的恐惧，其恐惧情绪超过正常的水平，而患者面对的事物或者环境并不危险；第二，面对恐惧事物时有意或无意地反复或者长期做出规避动作；第三，恐惧发作时，身体不由自主地做出保护反应，并伴有恐慌不安的情绪和神经机制的各种症状；第四，患者清楚地知道自己的恐惧是没有必要的且有些反应过激，但是没有办法控制。

对于特定恐惧症的发生，医学界给出了以下原因：由于受到强烈的情感刺激，导致对产生情感刺激的事件产生恐惧；亲眼看到惨烈恐惧事件的发生，使患者在情感上产生共鸣；听别人的恐怖经历，自己进行不合理的想象，超出自己的承受范围。此外，人们的情绪很容易受外界的影响，因为担心再度发生类似事件而产生过度焦虑的情绪。有的学者还从社会文化的角度对恐惧症的发生原因进行分析，认为它们对特定对象恐惧症的产生有非常重要的决定作用。例如一个性格较男孩子气的女孩心中存在的恐惧情感比一个性格温柔的女孩要少，因此男孩气的女孩患上恐惧症的几率较低，这就是社会对性格的塑造作用。

无论是什么原因导致人们患上恐惧症，治疗方法只有一种，就是让患者自己进行慢慢的调节，渐渐地接受带给他们恐惧感的事物，通过多次的接触或者经历，让患者对恐惧事物产生熟悉感，并逐渐消除恐惧。很多患者可以接受这种循序渐进的治疗方法，但是当患者单独面对恐惧事物时会发生很多不可控的事情，所以需要医生的陪伴，否则患者会因承受不住恐惧带来的压力而半途而废，导致恐惧症更加严重。

高处不胜寒的战栗：恐高症

患有恐高症的人站在高处便会感到恐惧。在生活中，有超过 90% 的人曾经出现恐高的症状，这其中有近 10% 的人真正患上了恐高症，这些患者会尽可能避免到高处去，他们不爬超过两层的楼梯，不站在高楼的窗前，只要身居高处，情绪便会崩溃，更不用说出行时乘坐飞机了。

美国费城的杰克一直生活在乡村，他家乡最高的建筑是学校，也不过只有四层。杰克高中毕业后前往华盛顿读大学，为了赚取生活费，他在一家花店打工，负责为顾客送花。有一次他出门送花时，需要乘坐电梯前往26层的公寓，但是电梯在中途出了故障停止运行。刚开始时，杰克因为有人和他一起被困在电梯中而没有过分慌张，但是经过一段时间后，电梯依旧没有反应，杰克开始狂躁不安，他不断地按着紧急按钮，不停地搓手拍头、呼吸加重，甚至最后情绪崩溃，疯狂地撞击电梯门。身边的乘客纷纷出手制止他，杰克出现了身体颤抖的症状。脱困之后，杰克被其他乘客送进了医院接受治疗，杰克对医生说自己患有恐高症，一般情况下并没有这么严重，只是这次被困在电梯中使他的恐高症出现了加重的趋向，最终导致他情绪失控甚至崩溃。

杰克是典型的恐高症患者，他会对自己处在高处的状态感到不安，不过还没到影响正常生活和工作的地步，但是这次被困在电梯的经历使他的精神崩溃了，并且加重了恐高症的程度。

恐高症的发生是由很多原因造成的，研究人员认为，患有恐高症的人在高处会有头晕目眩的感觉，原因是视觉出现了问题。当人们站在高楼上透过窗户向下看时，视觉传递给我们的画面是一片模糊的，运动中的物体都变得非常小，与我们在正常视角下看到的情况存在很大差异，此时视觉提供的画面信息大幅度减少，由此给人带来了失衡的感觉。这时候，如果人站在较高的地方，周围并没有可供参照的水平建筑，再加上身体掌控平衡的系统面临崩溃，便会出现头晕目眩、恶心的症状，从而导致心理上出现恐惧的情感。

研究发现，患上恐高症还与社会发展有着密不可分的关系。现在人们的生活方式与过去相比发生了很大的改变，大部分人患有很严重的定向障碍，发生头晕目眩的症状也非常普遍。因为身边林立的高楼大厦随处可见，这些建筑物会带给人们很强的压迫感，使得恐高症诱发的各种症状无法缓解，最终导致病情加重以及恐高症患者增多。

恐高症是较为普通和简单的恐惧症，它并不影响我们的日常生活，所以一般也不需要特意治疗。如果恐高症加重到情绪崩溃失控，就需要到医院寻求医生的帮助了。治疗恐高症的方法有四种：

1. 暴露治疗

暴露治疗也称满灌治疗，即鼓励患者直接接触引起恐惧情绪发作的环境或事物，并一直忍耐到精神紧张感消失的快速行为治疗方法。这种治疗方法就是给患者的心理进行一次突袭式的长时间持续冲击，使他们产生非常激烈的情绪反应，因此被称为"满灌"。将患者恐惧的事物出其不意地展现在他们面前，让他们受到恐惧的刺激，在治疗过程中，这个刺激不会停止，直到他们接受并习惯。

最初的治疗是让患者直接进入到恐惧情境中，医生会先为患者详细地描述他所害怕的事物，使患者进入到想象出来的恐怖场景中，或者放映录制好的患者恐惧的事物，让其产生身临其境的感觉。在不断的恐怖刺激下，患者可能会出现头晕目眩、恶心、心慌、胸闷以及身体僵硬出冷汗的反应，这时医生会在旁边告诉患者，这些都是假的、并不存在的，真实的恐怖灾难是不会发生的，循序渐进之后，患者的恐惧症状便会逐渐消失了。为了更好地治疗，医生也可以将患者直接带到真实的环境中去，让他们直面恐惧的事物，然后鼓励其战胜恐惧，帮助患者逐渐从心理上接受恐惧的事物，这样恐惧症也就能慢慢痊愈了。这种"习能镇惊"的方式可以给病龄超过 30 年的患者带来希望。

2. 催眠治疗

催眠治疗指的是借助催眠的方法将患者的意识范围缩小到极限，同时对其进行语言暗示，以此使患者的身体、心理和精神恐惧症状得到治愈。具体做法是通过医生的肢体动作和语言暗示，将患者带入到一种意识境界里，通过暗示催眠将他们的意识与情感完全整合，用语言进行鼓励暗示，让患者的心理、精神进入放松状态，最终达到治愈的目的。因为催眠能够更好地调动人们潜在的能力，所以它已经被心理医生广泛应用到心理治疗中，除了治疗恐惧症外，还可以治疗抑郁症、强迫症等心理疾病。

3. 系统脱敏治疗

这是一种让患者自己学会治疗方法，然后进行自我治疗的方式。它的目的是将恐惧事物和恐惧反应之间的联系切断，但并不回避带来恐惧反应的恐惧事物。采用的手段主要是想象，即患者在脑海中想象出自己感到害怕的场景或者事物，以此代替真实存在的恐惧事物或者场景。

具体的治疗过程是：先将恐惧事物或场景按照恐惧反应的程度分出等级，然后找一处能够让患者全身心放松的舒服的沙发或者床，让患者躺上去并闭上双眼，开始想象等级中最弱的恐惧事物，即便出现恐惧反应也不能中断想象，直到恐惧感消失，以此类推。每次想象的恐惧事物或者场景都比上一次的等级强，产生的恐惧反应也越来越严重，这时患者的身体和精神要尽量保持放松，以增加忍耐恐惧事物或者场景的能力，一直忍耐到恐惧症完全被治愈。

4. 增加运动，时刻保证身体健康，锻炼身体的平衡系统

我们可以在孩子幼年时增加游戏项目，以增强他们的定向能力，例如走平衡木、转圈、倒立等。当然，成年人也可以通过一些健身项目增加定向训练，以此避免恐高症的发作。现如今，每天8小时的"坐班"生活限制了人们的活动时间，导致身体平衡机能逐渐消退。如果我们坚持进行各项锻炼平衡机能的运动，那么大脑就会再度加强平衡系统的能力，改善我们站在高处出现晕眩的症状，这样恐高症也能得到有效的控制。

如果恐高症是后天形成的，可以通过锻炼改善恐高症状。我们在高处感到恐慌的时候，可以将一只眼睛闭上，单纯地用身体肌肉保持平衡。但是切记不要将双眼都闭上，这会让本就恐慌的情绪因为陷入无边的黑暗而更趋近崩溃，加重恐高症的病情。

恐高症是很多人都会有的恐惧症，只是在程度上存在差异。它是人们站在高处时的一种本能自我保护，所以人们不用因为恐高而感到羞愧，认为自己是

胆小鬼。一般的恐高症不需要治疗，但是如果恐高症的症状严重影响到患者的生活和工作，就需要通过专业治疗来摆脱它的干扰。

明明没患艾滋病，为何会出现临床症状？

对疾病的恐惧是大部分人无法克制的，有些人总会犹如精神病患者一般怀疑自己得了某种不治之症，或者被传染病所感染，不断前往医院检查，即便医院已经确定他们没有患上任何疾病，他们依旧不罢休，反而更换医院继续检查。也有一些人明知自己身体健康，但是却认为自己在未来的某天一定会患上某种病，整日忧心忡忡，如坐针毡般等着被"宣判死刑"。这些人对疾病的恐惧对象一般有癌症、性病、艾滋病以及其他高危传染病等。

在疾病恐惧中，最常见的就是对致死率高、无法治愈的艾滋病的恐惧，而且这已经成为社会现象，很多人都患上了艾滋病恐惧症。

艾滋病恐惧症其实就是恐艾症，它产生的原因是因为人们对艾滋病有着强烈的恐惧感，从而使心理和精神随之发生变化，产生了焦虑不安、郁郁不乐、恐惧狂躁等情绪。有时患者的行为也会出现异常，他们总是臆想自己患上了艾滋病，每天生活得战战兢兢，不敢融入到别人的生活中去；或者总是认为自己可能会感染艾滋病病毒，每天都在防备中度日。

亚伯是一个旅游爱好者，每年都会到各地游玩，有次他在酒店入住，洗完澡后使用了酒店配备的浴巾。之后的几天，他一直怀疑酒店的浴巾没有按照要求严格消毒，上面可能沾有艾滋病病毒，而自己有可能被感染了。接下来，他的生活变得非常糟糕，每天惶惶不可终日，害怕自己感染了艾滋病，最终在心理崩溃前到医院检查，结果为阴性。但是他并不相信，坚持认为自己已经被感染了，之后他每天前往不同的医院进行艾滋病毒检测，还上网搜寻与艾滋病有关的资料，他认为自己处在艾滋病的潜伏期，以后会越来越严重。现在亚伯已经不再四处旅游，而是每月到医院做艾滋病毒检测，这已成为他日常生活的一部分。虽然他用这种方式来确定自己没有感染艾滋病，但是情绪却越来越焦躁不安，每天猜疑自己得了艾滋病，最终他被家人送到医院接受心理治疗。

其实，亚伯的恐艾症并不是最严重的，他恐惧症的发作还只停留在怀疑自己感染艾滋病病毒的阶段，但有一部分人的恐艾症会导致人的意识在长时间的自我催眠中被蒙蔽，进而在意识层面上认定自己感染了艾滋病。可怕的是，在这种意识的驱使下，他们的身体会慢慢出现与艾滋病病人一样的临床症状，但是医院的检查结果依然为阴性，因此便出现了"阴性艾滋病"的概念，它是恐艾症中程度最严重的表现。

艾滋病恐惧症是与艾滋病有关的一种恐惧症，随着社会上感染艾滋病的患者不断增多，越来越多的人患上了恐艾症。他们疯狂地认为自己被感染了艾滋病病毒，并做出很多异常行为，还把因为心理原因导致身体产生变化的现象当作是艾滋病的发作。例如，患有恐艾症的亚伯连续几天都在发烧，他便惊恐地前往医院，告诉医生自己感染了艾滋病，但是经过医院的检查，得到的依旧是阴性结果，医生告知他只是发高烧，吃点药就可以痊愈了。听到医生的解释后，他的恐艾症得到了暂时的缓解。但等到身体恢复正常，他又开始怀疑自己突然头痛是发病的症状，于是再次前往医院接受检查，如此周而复始。

医生治疗恐艾症以心理治疗为主，首先要为患者做一次身体检查，特别是艾滋病的检测，并将结果呈现给患者，让他们清醒地认识到自己是健康的，这样可以使彼此之间建立起信任的桥梁。另外可以让医生对患者有一个初步的了解，制定具体的治疗方案。之后医生会与患者进行沟通，将艾滋病的正确知识详细地介绍给他们，并为他们答疑解惑，同时进行语言激励，帮助他们重塑信心，以摆脱沉重的心理负担，使他们的心态趋于平稳。医生在倾听患者诉说的过程中，可以为他们提供面对艾滋病的方法，使他们遇到艾滋病患者时也不会产生沉重的心理负担。

然后，医生会为患者安排一些户外运动，让患者按照自己的喜好参与各种健身活动，帮助他们紧绷的神经进入放松状态，以此缓解精神压力和恐惧不安的情绪。最后，通过其他事情分散患者的注意力，让他们的目光从关注身体中走出去，即使身体出现不适也不会立即引起他们的强烈反应。只有这样，他们才能从恐惧与焦虑中解脱出来，否则将会进入恐惧的死循环。

我们每个人都应当防御疾病的感染，增强安全意识，但这并不是让人们将这种防护意识做成枷锁套在自己的头上，成为生活的负累。我们应当端正对疾病的认知，不应过度解读疾病，造成不必要的恐慌。

探访尖锐物体的"无形"杀伤力

有些人在无意间看到尖锐物体的时候，身体会不由自主地出现颤抖、出冷汗、脸色苍白等症状。对尖锐物体的恐惧是特定对象恐惧症的一种，具体表现为人们在面对特定物体时产生恐惧情感的心理反应，这种恐惧情感极其强烈，有时会伴有身体的不适症状。其实在患者心里，他们很明白自己表现出来的行为有些太过敏感，但是没有办法控制自己，甚至会在一些可能遇到尖锐物体的场合进行无意识的回避，因此给自己的工作和生活带来了很大的不便。

尖锐恐惧症患者不能直视顶端尖利的物品，诸如钢笔、钢铁栅栏等，否则就会感觉自己的双眼非常疼痛，好像那些尖利的东西刺进了眼睛一样。这种恐惧的原因在于患者的潜意识认为尖利的东西会对自己或者身边的人造成伤害，他们没有办法接受流血的痛楚，总是下意识回避令他们不舒服的物品。

尖锐恐惧症会给患者的生活带来诸多不便，促使他们做出很多怪异的行为，比如，有人患有恐惧症的同时还伴有一些轻微强迫症；有人在情绪上没有办法自控，常常会感到焦虑不安，恐惧发作严重时会导致情绪崩溃；也有人对自己的恐惧症过度担忧，致使精神无法集中，时刻处在恍惚的状态中，甚至做出一些怪异举动。

佐藤太太是藤木家的管家，在藤木家长女订婚的宴会上，他们的次子被人杀害，尸体被悬挂在了二楼的阳台外面。警察赶来询问时，发现除了佐藤太太曾经到二楼找过受害人以外，其他人并没有离开一楼大厅，但是警察却没有怀疑佐藤太太，因为佐藤太太在警察询问的时候就表示，自己患有尖锐恐惧症，藤木家的院子栅栏顶部是尖利的，所以她没有办法从阳台上直视这些尖锐的栅栏，甚至一靠近阳台就会双腿发软、浑身僵硬，更不可能将受害人的尸体悬挂到外面，因此佐藤太太的嫌疑被排除掉了。

经过法医尸检，得出藤木家次子的具体死亡时间正与佐藤太太前往二楼的时间重合。也就是说，佐藤太太如果没有尖锐恐惧症的话，她前往二楼就会进入阳台寻找藤木家的次子，便有可能看到杀人犯。知道这一点的佐藤太太非常自责，认为是自己的恐惧症让凶手逍遥法外。虽然警察通过严密的侦查抓捕了凶手，但是佐藤太太却还是怪罪自己，最终因无法面对自己的雇主选择辞职离开。

佐藤太太的恐惧症已经存在 30 年了，她的眼睛对尖锐的物品一直持回避态度，不管是剪刀、餐具还是院外的栅栏，她都不敢直视，她害怕这些东西会伤害到自己。每次不小心看到，她都会下意识地闭上眼睛，双腿颤抖转身离开。藤木家的人对此表示理解，他们在需要摆放餐具或者用刀削果皮的时候都会尽量自己完成。直到杀人事件发生，佐藤太太再也没有办法逃避自己的恐惧症，于是开始投入治疗。

治疗尖锐恐惧症一般会采用系统脱敏治疗的方法。心理医生首先会按照患者对恐惧物品的反应为恐惧程度建立等级层次，然后与患者建立互相信任的沟通关系，为他们制定放松训练。最后，患者在放松环境中，按照已经分好的恐惧等级层次，从低到高进行实物刺激。这种治疗方法对由恐怖环境诱发的恐惧症有良好的治疗效果。

人体在舒适的环境中会处于放松的状态，但是遇到恐惧的环境，情绪便会陷入焦躁紧张的状态。放松状态与焦躁状态是冲突对抗的，当其中一种状态占据上风时，身体机能就会出现相应的反应。例如，患有尖锐恐惧症的人在面对尖锐物体时，身体会处于紧张状态，呼吸、心跳频率、血压等都会出现异常，以此表现对尖锐物品的恐惧反应。等到尖锐物品离开视线后，患者的各项生理反应就会回归正常。依据这个原理，医生就从恐惧刺激物入手治疗患者的心理恐惧症，在最初阶段，医生会让患者直接面对程度较低的恐惧刺激物，直到恐惧物不再对患者产生刺激，就更换更刺激的物品，最终使他们的恐惧症痊愈。

Chapter 06

心理学揭露的不是尔的本性，
而是在放大你的野性
——野心心理分析

"野心"在人们的心中代表着不安分，或者是对于名利和权势有着过多非分之想，意味着希望比别人享受更多的特权，几乎被定义为贬义词。但是野心并不仅指名利和权势，它涉及的方面很广泛，比如某样物品或者是自由、爱情等等。

　　有心理学家说："人类行为的推动力就是野心。"那么为什么有的人会成功，而有的人则失败了呢？那是因为这些成功的人知道如何合理使用自己的野心，掌控并做野心的主人，而那些失败的人却被野心驱使和控制，逐步地丧失了自我。

　　一个人有野心才能够有勇气去做自己想做的事情，才能够肆意表达自己的感情，才能去努力变成自己想要成为的人。当一个人的内心不再挣扎，变成了那个最真实的自己，才会在通往未来的道路上前进得更快，拥有一个有意思的人生。

不要让过度的孤独吞噬掉你的社会性

假如形单影只，就会让人有种全世界都在注视自己的感觉，好像只有同大家结伴而行，才不会让自己显得那样格格不入、那样突兀。

人们总是觉得有人陪着一起吃饭是一件幸福的事情。在外面吃饭的时候，许多人都不愿意自己的身边坐着一个陌生人，往往会去找个偏僻人少的地方坐着。有时候一个人出去吃东西，遇到了同样是一个人来吃饭的熟人，就会主动过去坐在一起。

一个人吃饭总是会觉得很奇怪，这是为什么呢？

英国著名作家乔治·奥威尔说："我发现，有很多人在独处的时候从来都不笑。"这是因为很多人只有在独处的时候，才会展现出自己最为真实的一面。

越是害怕孤独，就会越喜欢那些华而不实的喧嚣，喜欢那些灯红酒绿、纸醉金迷的生活。对当今社会的人而言，手机就是陪伴自己时间最长的伴侣，一个人的时候，只要有手机，就能够无视四周的目光，沉浸在自己的世界之中，享受独处的宁静，忘记身边所有的烦恼。其实没有人生来就是孤僻安静的，不管是网络上还是现实里，有人陪伴才会让人觉得安心。

人们常常会说"我想一个人静静"或者"让我去享受一个人的狂欢"，可是，却极少有人能够承受长时间的孤独生活。人都是害怕孤独的，毕竟人是群居动物，就像是大雁、狼一样，都是以群体的形式存在，一旦脱离了群体，想要自己单独生存几乎是不可能的。

有研究表明，群居动物一定是害怕孤独的，但是独居动物则喜欢孤独。以猫科动物与犬科动物为例，流浪猫能够活得不错，可是流浪狗却死得很快，因为猫是一种喜欢独居的动物。这样的例子还有很多，比如深山里独自生存的老虎，它的生活逍遥自在；但是被猴群驱逐的老猴王却无法很好地生活，尽管山里并不缺少食物。

或许地球上的绝大多数动物都可以用这种天性论来解释，但人是一种十分复杂的动物，并不能用简单的独居和群居来解释。独处的人不一定会觉得孤独，而身处喧闹环境中的人，有时也会倍感孤独，这算是人类的孤独非常鲜明、典型的特点了。

在心理学家看来，孤独是一种让人感到不愉快的负面情绪，是因为缺乏正常的社会接触而形成的一种主观上的心理体验。这就告诉我们，孤独并非是一种客观现实状态，而是主观的心理体验，代表着人类本质属性的丧失，即人的社会性的丧失。

不过，人也需要独处的状态，适度的孤独感有些时候也是必须的。比如一个艺术创作者，他常常会一个人闭关独处，然后寻找灵感，再潜心创作。人们在一天的忙碌工作之后，有时候也想享受"一杯红酒配电影"的惬意，让自己放松下来。虽然在形式上来看，人是处在一种孤独状态中，但是内心却是充实且平静祥和的，所以这样的孤独是合理的。

不过，人如果长期处于一种太过负面的孤独状态中，于健康是十分不利的。哈佛大学的研究表明："孤独大概像抽烟一样有害健康"。研究人员发现有一种凝血蛋白水平的高低与人的孤独之间存在着一定的联系，并且这种凝血蛋白可能会引起心脏病发作与中风。孤独所带来的不良影响不仅仅是心理上的效应，它也能够改变一个人大脑的生理过程。

人如果生活在一个紧密和睦的家庭或者集体里面，那么他抵御疾病的能力就会比较强，而那些远离人群而独居的人就非常容易生病。美国、瑞典和芬兰曾经联合对4000多人进行长达12年的研究，他们发现，那些远离群体的志愿者罹患严重疾病且在观察期间死亡的人数比那些在社会活动中活跃的志愿者要高出 2 到 3 倍。不仅如此，人与社会疏离得越远，得病率与死亡率就越高。如同高血压、肥胖、抽烟一般，孤独对人的影响同样很大。调查表明，那些没有朋友、与子女关系不好、独居的老人，患有老年痴呆症的可能性要大大高于那些社会交际广泛的老人。除此之外，孤独还会影响人的寿命，那些鲜少与外界交往的老年人，死亡率比与外界交往密切的老人高出两倍不止。

孤独可以直接影响人的心理健康状态，它会给人带来压抑、绝望、抑郁、焦虑、暴躁、恐惧、紧张、烦躁、愤怒等情绪，并且还会让人产生自卑感，使得自我评价降低，觉得自己的人生没有价值，认为自己是不受大家欢迎的，而自己也没有足够的能力去应对社会的要求。长期的孤独会让人变得以自我为中心或者是自闭，变得不再关心其他人，不善于自我表达、了解和理解他人。而且这类人解决人际关系问题的能力和社交能力都比较差，他们在人际交往的过程中会显得畏畏缩缩，十分被动。

想要避免不良的孤独情绪就要先了解孤独的类型。孤独被分为两种类型，一种是状态孤独，一种是特质孤独。

有些人与社会缺乏接触是因为他们的生活出现了大的变故，或者是自身的生存环境异于常人，比如失去了亲人、生活在一个封闭的环境里等等。这就是状态孤独，一般来说，状态孤独是比较容易改善的，它具有情境性和阶段性的特点。

如果因为自己没有能力或者没有意愿而不去与其他人建立良好的社交关系，就会导致自身长期缺乏令人满意的社会关系和人际交往。这就是特质孤独，而改变特质孤独的难度比较大，因为它具有稳定性与长期性。

有人说，如果人的精神是悬空的，那么这种状态就是孤独。因为每个人都有各种各样的欲望，一旦欲望受到阻碍，人就会感到茫然，而这种茫然是需要个人独自承受的，其中承受不住的部分就会转化为孤独。如果人没有欲望，那便没有孤独感，因为没有欲望，也就没有能让他们关心的人或物，于是孤独也就失去了存在的基础。

因此，人应该树立一个可以让自己努力前进的阶段性目标，不论结果如何，总比盲目的生活要好。有目标的人在前进的道路上总是能够遇到志同道合的朋友，有了朋友便融入了人群，便能避开孤独的侵袭。

社会性是人的本质属性，而一个人社会价值和社会存在感的缺失往往是其产生孤独感的主要原因。电影《荒岛余生》里面的排球威尔森就是支撑男主查克在荒岛活下去的理由。对于查克来说，排球不仅仅只是一件物品那么简单，它更是自己的精神伴侣，它的存在给自己的生活增添了许多乐趣。如果一个人失去在社会价值体系中的存在感时，那么他的存在就是毫无意义的。在电影中，排球的拟人化形象所发挥的最大作用就是让查克能够从中寻找自我，查克和排球威尔森的每一次对话都是在对自己的存在做出肯定，由此支撑他生存了下去。不管是某一行业领域还是在某个社交圈，人只要找准自己的定位，就能够获得相应的认可，同时也能彰显出自身的社会价值，如此就不会再感到孤独了。

想要摆脱不良的孤独情绪，最重要的是让自己的生活和内心都充实起来。人们在没有事情可以做的时候就会感觉到孤独，因为孤独感总是会引发莫名的焦虑、恐慌与不安，与其被动消极地去做一些事情来分散自己的注意力，不如主动积极地去充实自己的内心。努力奋斗、积极上进不仅仅是一种正面的生活态度，有的时候，它就是生活本身。

KTV：一个窥探人生百态的地方

艾米这两天刚换了新工作，新公司也组织了团建活动，果然还是先吃饭再去 KTV 唱歌。

在当今社会，不管是朋友聚会还是部门团建活动，大都市里的活动安排看起来总是能够填满人们的日程表，而且十分丰富多彩的。但是最后大家都接受且经常去的似乎总是KTV。

假设是带着某种目的去KTV唱歌，那么人们一旦进入KTV这样黑暗且封闭的空间，其表现都会与生活中的自己发生偏离。每一个人对环境的接受程度都不同，具体表现也会有所不同，或者伪装、或者封闭、或者释放。因此在KTV这个能够让人们的行为产生偏离的地方，虽然满是套路，但也是一个能够让我们去了解与我们共处一室的这些人的非常好的机会。

有些人认为，通过一个人点的歌，可以大体推断出这个人的性格，但实际上这其中并没有什么必然的联系。就像有人说自己喜欢老歌，但是点的也不过就是十年前的流行歌；有的人点了新出道的组合的歌曲，也未必就是情商低。所以说点歌只是一种现象，而促使人们产生各种不同行为的原因才是重点。在KTV这种特殊的环境里，人们的行为表现要比他们点什么样的歌更能说明问题。

性格的外化表现多见于言行，而人们在KTV里的种种表现，同样是性格特征的一面镜子。

全能型的人能够驾驭各种风格的歌曲，甚至还能够穿梭于不同语种之间。他们唱功良好，歌声优美富有感情，低音高音转换也游刃有余，听起来就是一种享受。这样的人往往都是有着真才实学，并且内外兼修的人。

麦霸型的人给人的感觉往往与全能型的人类似。这一类型的人在KTV唱歌就像是在举行个人演唱会，他们不仅唱自己点的歌，也会不加商量地唱别人点的歌。这类人唱歌不一定会像全能型人那么专业，不过可以活跃气氛。麦霸对唱歌有着异样的执着，通常只有唱不动了，才会依依不舍地放下话筒。麦霸型的人通常性格比较外向，他们在自己擅长的领域里一般都喜欢主动出击。不过这类人有时候也会给人一种自私狂妄、目中无人的感觉。

还有这么一类人，可以说是万年不变型。只要去KTV唱歌，他们翻来覆去都是点那么几首歌，从来都不去尝试唱新歌。不仅如此，他们所点的歌曲往往都没有什么难度，他们的唱歌水平也稀松平常，且很少出现明显的提升和进步。这类人在生活中并不会主动去寻求突破，他们比较安于现状。

有些人一进KTV就会先问Wi-Fi，不管与同行人是何关系，他们永远都只拿着手机独自待在角落里。他们既不唱歌也不喝酒，只是专注地盯着自己的手机，仿佛全世界只剩下手机和他自己。有人觉得这样的人太过乏味无聊，其实不然。他们或许是因为不会唱歌，或许是因为不喜欢这样的活动，或许是不喜欢KTV的氛围，但是不管出于什么原因，他们还是来了，所以不要急于责备他们，说不定他们只是想迁就大家的喜好，把唱歌的机会让给其他人。

还有一部分人去KTV只唱外语歌。这种类型的人对于自己的品味非常有自信，不过，他们在待人接物的时候容易计较，以致产生偏颇。

有的人天生自带暖场效果，只要有他们在，气氛就一定是活跃的。他们会主动唱一些很活泼或者搞怪的歌曲，以此来带动全场气氛。一曲唱完之后会主动要求掌声，然后穿梭在整个会场之中。这一类型的人往往都是团队里面的开心果，有他们在，很少会有冷场的情况发生，他们喜欢在人前展示和表现自己，也是因为内心比较在意别人看待自己的目光。

还有一种类型的人正好相反，他们对自己的唱歌水平存在一定的信心，但是担心自己驾驭不了难度高的曲目，于是总会唱一些音调不高不低、中规中矩、曲调伤感的情歌。当然，他们的唱功的确不错，但是在KTV这种热闹的场合下却显得有些格格不入，往往他们一开口就让气氛冷了下来，让人感觉非常尴尬。在这种情况下，拼命鼓掌和低头拿手机似乎都不对劲。这一类型的人往往比较拘谨，有的还会有点交流障碍。

有的人喜欢帮别人点歌，而自己却坐在一旁一脸享受地听别人唱。这样的人里面有一部分习惯了替他人操心，比如他们总是在吃烤肉的时候帮大家烤，在吃火锅的时候帮大家涮、帮大家捞等等。还有一部分是为了逃避唱歌，因为对自己的歌喉没有信心，于是他们就找点事情来转移大家对他唱歌这件事的关注。

还有一部分人不太讨人喜欢，他们总是习惯把自己点的歌置顶到最前面，无视点歌与唱歌的顺序。这类人不善于顾及他人的感受，平日里大多也听不进去别人的意见。

有一类人显得有些缺乏 KTV 礼仪，他们只有自己唱歌的时候才会抬头，别人唱的时候只顾着低头玩手机。其实，这一类型的人与上一种类型的相类似，不过在程度上要轻很多。

还有的人自己从来都不点歌，却总是喜欢抢唱别人点的歌，尤其喜欢抢唱副歌。这类人平日里大多对音乐不留心，所以一时间想不出自己能唱的歌，但是听到熟悉的旋律又想唱。

如果你认为 KTV 仅仅是用来唱歌的，那就大错特错了。对于 KTV 这样的场合，我们早就已经过了喝着饮料、吃着爆米花、讨论谁的嗓音好的年纪了，对我们这种已经步入社会，附带了社会属性的人而言，KTV 就是一个用来叙旧，同时让大家放松的场合，但实际上也是一个表现自我的机会，是一个能让我们可以更好地了解身边人的机会。

"拉帮结派"是古时延续下来的"习惯"

拉帮结派的事情，小时候会经常发生。三四岁的小孩子往往最喜欢扎堆儿，他们总是很快就能找到自己的玩伴，并且可以迅速建立友谊。如果两个孩子吵了架，就会各自回去告诉自己的朋友："他太讨厌了，你是我的朋友，以后不要理他了！"

所以说，在人的某个年龄阶段，会有组织小团体的需要。硅谷的很多家长在教育孩子的时候，会告诉他们应该与哪一类人交朋友、站到哪一个队伍当中，这对孩子日后的择友、交友观造成了一定的影响。

　　生活中不乏喜欢拉帮结派并孤立别人的人，这往往都是为了自己的私心。这类人的心智非常不成熟，不仅自私还缺乏安全感，他们只有通过这样的方式才能找回自己的存在感和自信心。

　　迈克尔的老师要求非常严格，班上的人都不喜欢他，就联合起来跟他对着干。可是迈克尔觉得老师讲课很好，虽然要求严格，但是也没什么问题，于是依然很听老师的话。后来，班上有个女生忍无可忍地质问道："迈克尔，你究竟是跟谁一伙的？"迈克尔此时才恍然大悟。

　　《印度经济时报》中有一篇文章这样写道："在第一代硅谷的印度移民成功地打破了职业上的玻璃窗以后，他们就决定从此以后相互扶持、共同前进。因为他们知道后来的人将会面临与他们之前相同的困境，如果他们要想突出重围，就只有抱团。"正是抱着这样的理念，那些印度的高层管理者们总是会去尽力地提携和帮助自己的印度老乡。

　　很多人对这种"给自己人放水"的抱团行为颇有微词，但是实际上，硅谷的高管们都有着一个普遍的共识，即对于来自同一地方、有着相同文化背景的人会更加信任。在公平的前提条件下，自然会选择与自身背景更为相似的人，这样合作起来才会更加默契。

　　在硅谷那样的职场之中，人们相互之间建立信任是非常重要、非常核心的问题，不管是上下级也好，同事也好，这都是必须的。而印度人的这种抱团行为，可以在更为广泛的范围之内与其他族群达成良好的互动关系。

　　对于人类而言，很多时候都是独木难支、孤掌难鸣的，个人能力再强也难以长久，这种时候，就需要有自己的一个圈子来支撑。圈子里大多是一些志趣相投的人，他们同气连枝，相互欣赏，有时候会为了达到共同的目的而采取一些手段。如果拉帮结伙是为了天下苍生而非一己之私，那倒也能在历史上博得一个好名声；倘若只是为了私利，这样的圈子便只能受到唾弃。

其实，拉帮结派始终贯穿于人类的历史之中，只要有人的地方就会有这种情况出现，是无法彻底杜绝的。

古希腊还是无数个城邦国家的时候，雅典和斯巴达两个城邦经常发生冲突，于是其他城邦纷纷开始站队，两伙人之间时不时地爆发战争。后来，波斯想要占领希腊，大敌当前，雅典和斯巴达两伙人握手言和，带着其他城邦的人，齐心协力赶走了侵略者，这就是著名的希波战争。赶走了波斯人，消除了外患，雅典和斯巴达又继续带着他们各自的友好城邦开始了新一轮的冲突。

古时候的欧洲小国太多，为了自身的利益，拉帮结派的现象更是屡见不鲜。

德意志在统一之前，有两个最强的邦国——普鲁士和奥地利，双方冲突不断，都想吞掉对方。19世纪，普鲁士出了个铁血宰相俾斯麦，他上台以后带领普鲁士迅速打败了丹麦、奥地利、法国，并就此统一德国，使之一跃成为欧洲第一强国。不过，德国虽然很强大，但是毕竟树敌太多，为了稳固地位，德国联合了周边的奥匈帝国、奥斯曼帝国、保加利亚和意大利，结成"同盟国"。英国、法国、俄国见此形势也联合起来，组成"协约国"。两方同盟就此展开了激烈的交锋，出人意料的是，战争才刚刚开始一年，意大利就叛变到对方阵营里了。

拉帮结派的作风就这样在欧洲流行了起来。虽然现如今拉帮结派这个词多用作贬义，但确实也成为扩大实力、稳固地位的重要手段，比如欧盟。

欧盟的成立，使得欧洲经济一体化，对经济、政治、文化和外交等方面都有着重要的作用和影响。由于取消了内部边界，极大地方便了成员国之间人员、资金、商品等的自由流动。并且成员国还在卫生、教育、社会服务等多方面进行了合作，这不仅仅让公民在众多领域感受到了一体化所带来的成果，也同样使得欧洲各国避免了众多大规模战争，欧洲大陆得以稳定和发展，并在世界舞台上发挥着重要作用。

但是，拉帮结派也要注意其所带来的负面作用，在很多时候，这样的行为会带来一些不良风气，因为总会有人想要把手中的权利当成自己的私人财产，通过笼络人心，打造所谓的"利益共同体"，并为此抛弃自己的底线，无视规章和纪律。这样的不良行为不值得提倡，同时也应为世人所警醒。抱团是为了相互取暖而不是玩火自焚，不正当的拉帮结派只能是自食恶果。

"他乡遇故知"为什么会钟情于方言？

在一个陌生的地方，看到一些陌生的人，人们总会下意识地去寻找那些似曾相识的面孔或者声音。之所以会如此，是由于人们对陌生城市和陌生事物的不确定性存在恐惧和不安的情绪，迫切需要安全感。

出门在外，总会遇到来自五湖四海的陌生人，大家彼此进行交流的时候使用的都是官方语言。如果偶尔听到了有人讲自己家乡的方言，就仿佛遇到了亲人一般开心，忍不住会上前说几句话。彼此之间一聊，发现果然是老乡，这也算一件很大的喜事了。去外地上学也好，工作也罢，当一个人对外面的世界越来越了解，听过了各种各样的方言后，最喜欢的总还是自己家乡的方言。

方言是地域差异语言发展到一定历史时期的产物，它传承着一个国家古老的历史文化，也是地域文化的直接标识。它承载了一个地域最贴近生活的文化，反映着当地的社会生活和民俗，是最能够体现地域文化多样性的媒介。在相当长的一段时间里，方言记录着相应地域生活的点点滴滴，对当地文化的传承有着重要作用。

对于一个人来说，方言不仅仅是一个文化符号，还是一个刻在心里不可磨灭的印记，它赋予了一个人对地域血脉的归属感，藏在人们的心中，也挂在人们的嘴边。

通常来讲，人们喜欢跟与自己有着共同特点的群体待在一起，所以在面对说着同一种方言的人时，就会生出亲切感。人们来到一个陌生的地方，总会觉得当地人在心理上跟自己保持着距离，无形中生出了一堵墙，于是便会不自觉地向那些与自己说着同样方言的老乡靠拢。

来自英国的艾米丽如今在美国纽约读大学，她不太与当地的学生交流，但是她与同样来自英国的留学生们之间的关系都很好，他们常常一起去爬山或者聚餐。一天，她和一位来自美国迈阿密的朋友聊天，两人谈论起同一国家的留学生组织聚会的事情，艾米丽的朋友说："别说你们外国人了，我来纽约上大学，发现迈阿密人居然也常常组织聚会，我们聚在一起抱怨'纽约好冷啊'之类的。"

艾米丽恍然大悟，原来不止是英国留学生会这样。她突然想到自己还在英国的时候，身边有很多日本留学生，那时候她总是疑惑，为什么这些日本留学生不愿意跟本地人交流，既然到了英国，为什么还要经常说日语。现在想起来，不由得感同身受。

由于文化的差异，来自不同地区、不同国家的人们的思维模式、关注的事情、喜欢的食物口味、喜爱的音乐等都会有所不同，这使得来自五湖四海的人们之间的沟通出现了障碍。大多数人认为寻求帮助或者是提出要求会给别人"添麻烦"，这种担心别人讨厌自己的潜在心理，在一处陌生环境中通常会达到顶点。而在这种时候，听到同样的语言和同样的方言，就会觉得异常亲切，不自觉地就会抱团。人待在一个舒适的安全区之内，会被安全感所包围，而走出这里，就要面对未知的风险和挑战，为了维系这种安全感，人们总是会选择向背景相似的人靠拢。

对于来自同一个地域的人而言，方言是他们联络感情的重要方式。"一方水土养一方人"，方言可以拉近彼此之间的距离，让双方没有语言障碍、心理隔阂，为整个地域的人们之间的交流提供了巨大的便利。

每当说起方言，人们往往都会微微一笑，觉得有一种淡淡的温情萦绕心间。

它是极具特色的，也是人们日常使用的最为广泛的语言，不过这仅仅局限于同一个地域。当今社会是一个对外发展交流的社会，在对外的人际交往过程中，方言的使用常常会造成很多的矛盾。而因为语言差异所产生的隔阂和沟通障碍，其矛盾的程度是超乎人们的想象的，甚至不同方言区的人还因此发生过械斗。

　　方言在人们的日常生活之中是必不可少的，虽然它的存在给不同地区的人们之间的交流造成了很大的阻碍，但是也在地域文化的保存和传承之中起到了相当重要的作用，促进了整个社会的多元化发展。

Chapter 07

有心者有所累，
无心者无所谓
——贪婪心理分析

很多时候，人的愚蠢和智慧是在一起体现的。对一个人而言，安全感是非常重要的，金钱能够给人一定程度上的安全感，因为它能够带来生活上的需求和物质上的享受。但是，它无法给人带来真正的幸福和快乐，所以人们常常会通过各种各样的方式来寻求自己想要的东西。

人的灵魂是贪婪的，它承受着人类与生俱来的黑暗。如果人们无法管好自己的内心，使其受制于欲望，那就很有可能会堕入无尽的深渊。人有虚荣心是正常的，但是要有度，要知道希望越大，失望就会越大。学会满足于现在，保持一颗平常心，才不会被自己的欲望所支配。

人生滋味万千，人的欲望也是五花八门。人总会有克制不住自己的时候，而此时可以阻止你的，只有你的理智。

花钱如流水：疯狂购物的背后到底隐藏着什么？

你会不会在一些网站搞促销的时候，疯狂地买一大堆其实并不一定会用到的东西呢？对于这些冲动消费的人，我们称之为"购物狂"。在心理学领域，这种冲动消费的行为被称作强迫性购物，是一种在购物的时候冲动地去购买一些毫无用处的商品或重复购买商品的行为。

购物行为很平常，异常之处在于限度。你是否会在毫无目的的情况下购买商品？你是否在购物的时候，根本没有考虑过自己的经济状况？你是否习惯于将购物作为奖励自己的方式并以此获得快乐呢？你是否因为跟风而购买了商品呢？你是否向家人隐瞒过你的真实花销呢？你是否每次购物之后都会后悔，但下次还是会继续买呢？如果你回答"是"，那么你显然就是一个强迫性购物者。

1915 年前后，德国心理学家克雷佩林就提出了"购物癖"的概念，不过一直到 20 世纪 90 年代以后，精神健康领域才正式开始研究这一现象，并将其划入心理疾病的范畴。

克雷佩林和博尔京在 2009 年对强迫性购物做出了如下定义："由负面情绪所引起的，因为无法控制和不可抗拒的冲动而引发的，花费大量时间购买昂贵商品的购物活动，而这种购物最终会给人们带来社会、经济和人际关系的困难。"

从字面上看，强迫性购物比较像强迫症或者冲动控制障碍里的一种，但是，心理学界却比较倾向于将这种行为划分为成瘾类。换句话说，这种行为形同于烟瘾、酒瘾和物质滥用等行为，所以强迫性消费也被称为消费成瘾。购物狂在疯狂购物的时候，心里会出现快乐的感觉，如同那些有酒瘾的人喝到酒一般。

从需求层次来看，衣食住行是最低层次和最基本的需求。但是，购物狂却区分不了什么是需求、什么是欲望。他们自信地认为，一切自己想要的物品一定都是自己所需要的。他们对购物的狂热程度远远超出了正常人的理解范围。这种狂热与他们所购买的商品并没有太多关系，他们痴迷的仅仅是"购买"这一行为。

名为《瘾》的杂质发表了一则研究数据，指出强迫性购物行为的患病率大约是 5%，也就是说每 20 个人里就有 1 个是购物狂。强迫性购物的行为在发达地区与不发达地区之间的差异并不大，这种行为大多发生在女性和 20 岁左右的年轻人身上。

为什么购物狂患者以女性居多呢？神经科学研究发现，这是因为女性体内的血清素受体要比男性体内的多，但是人体所制造的血清素总量不足，分泌的去甲肾上腺素相对而言比较少，所以，她们就需要一些外部的刺激来让自己感到快乐，于是疯狂购物的行为就出现了。除了购物以外，女性往往比男性更加热爱美食，尤其是甜食，而且相对而言抑郁症也更为高发，都是这个原因。

当购物还没有到达强迫性这一程度的时候，购物的确是适应性行为的一种，它能够在一定程度上起到提升情绪的作用，甚至还有人提出"购物治疗法"来处理人们所面对的情绪问题。不过，当一个人的情绪存在深层次的问题时，购物就起不到太大作用了，最多只能起到暂时的麻痹作用而已。很多时候，我们战胜了一种障碍，然后这种障碍又会被另一种更加困难的障碍所替代，形成症状替代。这也是为何那些有着进食障碍的女性，很多是才从烟瘾、酒瘾、物质成瘾中恢复过来的人，大多又会产生强迫性购物行为的原因。而这多半是由于在强迫性行为背后的深层次问题并没有被发现和解决。

之所以会出现强迫性购物的行为，大部分原因可以追溯至童年。一个人小时候如果常常遭到别人或者父母的漠视，那么他就会去寻求一些替代品来安慰自己，比如书籍、零食、玩具等。这种影响会一直持续下去，以致其在成年之后，也同样需要其他的情感支持。于是，购物就成了替代性的安慰品。

此外，研究表明，在疯狂购物的背后，还隐藏着许许多多的心理状态。首先是低自尊。一些从小受人漠视，自尊心低下的人，其内心是渴望得到别人表扬的。所以，他们就会把消费与对人的尊重感联系起来，通过向别人炫耀自己的消费去获得他人的赞美。可惜，这样的行为给他们带来的自我价值提升感总是转瞬即逝。为了维持这种感觉，他们只能继续去购买更多的商品。

其次是孤独，可以说购物的催化剂就是孤独。研究表明，假如一个人在相当长的一段时间内感到十分的孤单和空虚，那么大型百货商场里面明亮的灯光、色彩斑斓的招牌，还有店里播放的欢快乐曲，都可以给他带来愉快的感觉。

据美国研究发现，在老年人当中，存在通过电视购物和网络购物进行过度消费的现象。其实这种行为也与老年人的群体性质有关，这类人群往往会感到无聊和孤独，他们没有人陪、没有人可以说话，甚至没有地方可以去，只能整天呆在家里看电视或者上网。因为他们有一定的经济实力，于是就买了很多没有用处的东西。哪怕儿女已经帮他们准备好了所有的生活必需品，这种过度消费的情况也会时常发生。因此，非常多的欺骗性消费便把目标放在了老年人群体之中。

有的人在经历过一场失败的考试，或者是面对一项无法完成的任务的时候，会想要通过购物来分散自己的注意力，释放自身的压力。

调查研究表明，那些有着强迫性购物行为的人都比较"脆弱"，他们对痛苦的忍受力、对情感的认知能力都很低。有一部分购物狂本身还存在严重的焦虑情绪，甚至严重到无法控制和解决生活和工作中出现的问题。他们的负面情绪发泄不出来，就试图通过购物来抵消。但在疯狂购物之后，焦虑的情绪往往不会真正消失，这加深了他们的失落和空虚，还带来了深深的负罪感和羞耻感。

那些对任何事都提不起兴趣的抑郁症患者，有很多也会出现强迫性购物的行为。法国研究证明，抑郁症和强迫性购物共同出现的几率非常高。在所调查的抑郁症患者之中，有 31.9% 的人存在强迫性购物行为，他们大都很年轻，而且女性比较多。

每个人都会追求快乐，明星们在广告中展露出的笑脸，还有那些欢乐温馨的画面，都向人们传递着这样一个讯息：购买这些商品，就可以感到快乐。所以当人们心情不好，又不能找到令自己开心起来的有效方法时，看到这些琳琅满目的商品，就会觉得只要把它们统统买下来，就会感到快乐。

一些人太在意别人的看法，总是希望每个人都能够喜欢自己。很大一部分的购物狂其实是社会属性非常强的人，他们希望在别人眼中自己永远都是完美的，他们总是想着再完美一点，这也是引起他们过度消费的一个重要原因。

这些追求完美的人在遇到变胖、长痘痘等一些会让自己难堪的情况时，常常也会提高购物的频率。他们总是期望能够买到一些独特的配饰和衣服，使自己的外貌更加吸引人，以此来提升自己外在形象的正面情感。

我们所生活的时代是一个很容易促发强迫性购物的时代，信用卡这一类的现代付费手段就是很好的例子。正常情况下，人们购物时那种舍不得花钱的情绪能够抵消一部分购物所带来的快感，但是信用卡的延迟还款功能成功地将这两种感受分开了，就此放大了购物所带给人的快感。

从心理学上来讲，这叫做"鸵鸟效应"。因为人们普遍更倾向于关心好消息，会下意识地限制自己对坏消息的注意力，网络购物和一键购物所带来的便利，成功地扫清了购物狂面前的所有障碍。

那么，当人们发现自己有过度消费的问题时，应该怎么办？

这时，需要勇敢地去接受自己的问题，然后尝试从深处去寻找出现这一问题的原因，看看自己为什么会控制不住购物的行为，并且找出隐藏在购物背后的自己想逃避的东西。学会改变一些习惯，比如独自购物、使用信用卡消费；消费时好好思考一下，避免冲动消费；尽量避开折扣店和网店；很饿或者很疲倦的时候不要去购物等等。

负面情绪不会因为疯狂购物而消失，疯狂购物所带来的快感也只不过是一时的。找出问题的原因，才是解决问题的根本所在。

暴饮暴食的复杂前因，你知道吗

伊芙为了减肥逼迫自己节食，原本喜欢吃炸鸡、汉堡的她，由于食欲长期得不到满足，最终患上了暴食症。她每周都有三四个晚上会暴饮暴食，不过她的运气还不错，只过了一个月便治好了暴食症，没有留下更大的隐患。

患上暴食症的那段时间，伊芙每天晚上都会想吃各种各样的美食。比如她一想到软糯香甜的蛋糕，就在家里坐不住了，必须马上出门去买，而且是走路生风，几乎是一溜小跑着去的，似乎她走慢一点蛋糕店就卖空了一样。到了蛋糕店，伊芙看见这个也想要、那个也想要，干脆就买了好几块不同口味的蛋糕，在回家的路上就迫不及待地开始吃，还没到家，所有的蛋糕就已经全部塞进肚子里了。可是，吃了这么多的伊芙还是觉得不满足，她又去店里买了一份热狗带回家。回家还不到 10 分钟，热狗又被她狼吞虎咽地吃光了。这样机械的吃法根本无法品尝食物的味道，胃明明撑得要炸了，可仍旧控制不住往嘴里塞食物的冲动。

在这段时间里，伊芙的一顿早餐可以吃掉上万卡路里，黄油牛角面包、香肠、炖豆子、培根、蘑菇、炸薯条，吃完还要喝一杯酸奶、一碗牛奶麦片粥。只要是食物，她来者不拒，并且在半小时内就能全部吃完。伊芙每次吃完都会觉得特别后悔，然后就对自己说，今天吃完明天就不吃了。有了这样的想法以后，她反而吃得更加肆无忌惮了，想到什么就去吃什么，根本控制不了自己。

其实暴饮暴食就是由于人们过分在意自己的体重和过度节食所导致的。严格来讲，暴食不是一种疾病，也不是单纯的一种习性，它是一种行为模式，其成因与人的性格、生物特性，还有文化都有着千丝万缕的关系。

得了暴食症的人往往可以在极短的时间内吃掉大量的食物，就算自己已经很撑了，但仍旧强迫自己继续进食。他们吃完以后会感到十分懊悔，然后又通过催吐、导泻、节食等方法来减轻因为暴饮暴食增长的体重。

长期的节食行为会使得身体在下次进食的时候囤积更多的脂肪，而那些所谓的低卡路里节食餐，则会让人体内制造与储存脂肪的酶素翻倍。这是一种节食之后所产生的生理补偿形式，以此来帮助身体储存更多的脂肪和能量。

研究证明，长期节食反而会减缓减肥的速度。因为节食的时候减少了人体对能量的需求，从而减缓了新陈代谢；同时，人在被限制饮食之后，反而会刺激大脑对更多食物的渴望，使人出现暴饮暴食的倾向；而且在进行了大幅度的减肥活动以后，对吃含糖量高的和含脂肪量高的食物会出现更大的渴望。

与此同时，节食还会导致人产生很大的心理负担，给自身带来巨大的压力。哪怕无视体重这一因素，节食本身就很容易让人出现自尊心减弱和社交焦虑等情况。节食的人通常会在违反节食规则的时候出现对饮食失控的情况，在这种情况下，节食的人只要一想到自己吃了不能吃的食物，反而会控制不住地吃个不停，以至于过度饮食，从而患上暴食症。

其实，暴食症是一种心理疾病，并且它的倾向性会随着环境的变化而改变。

最开始的时候，暴食症只存在于一些富裕的国家，到了后来，这种现象已经蔓延到了全世界。推特、脸书上经常能见到有人在哀嚎："我该怎么办？我又暴饮暴食了！"暴饮暴食对他们而言是一种耻辱，只有互相不认识的网络，才能给他们的诉说带来安全感。

患有暴食症的人通常不能很好地控制情绪，更不用说管理情绪了。他们虽然渴望"吃"，但实际上并没有真正感觉到饥饿，只不过是心理上认为自己很饿而已，他们是想通过这样的方式来缓解自己内心的不安和焦躁。美国心理学研究表明，人体的皮质醇含量会因内心承受过大的压力和负担而升高，这样一来，人对于食物的渴望就被激发出来了。

当今社会，人们面临着各式各样的压力，为了排解压力，人们会借助一些方式来发泄内心的情绪。曾任职英国副首相的普雷斯科特就患有暴食症，他曾经说过："暴食症和工作压力过大有关系，这一点我十分肯定，而让我释放压力的有效途径就是暴饮暴食。"但是，因为情绪问题就疯狂进食，这非但不能消除人们在生活中所遇到的难题和烦心事，反而使人们的情绪变得更加敏感，更加反复无常。

有些人并不完全符合暴食症的特征，但是他们的进食行为却都是病态的。尤其是在一些青少年学生当中，这种情况更为严重，已经形成了一个庞大的群体。

据调查，75%的暴食症患者都或多或少有一些焦虑情绪，比如广泛性焦虑、社交恐惧症等等。并且所有的调查都表明，在暴食症发作之后，患者会产生不同程度的抑郁。

暴饮暴食和自我催吐的情况往往都是秘密进行的。一般有暴食症的人，会下意识地回避聚餐或者是聚会这类要在公共场合下进行的活动。因为他们在面对美食的时候会有很强烈的进食欲望，他们害怕自己会失态，以至于不敢参与这种活动。理智和内心的欲望不断地产生激烈冲突，使得他们的精神备受前熬。

在最初的时候，暴饮暴食往往是因为自身的某种不良情绪引发的，不过也不能忽视人们在感到快乐的时候的进食情况。调查表明，开心的时候想要吃东西的人占了74%，不开心的时候想要吃东西的人有39%，无聊的时候想要吃东西的人有52%，还有39%的人只有在孤单的时候才想要吃东西。

有暴食症的人，往往都是一些认知度比较低、倾向于完美主义的人。他们没有正确地认识自己，反而是盲目地追求完美。他们认为只有身材好的人才会有魅力，才会受人尊敬，而他们往往都有着肥胖的痛苦，这让他们变得很不自信。在他们眼中，自己的外表比不上别人，于是非常渴望能够通过改变自己的外表来博得别人的认可，找回信心。

从根本上来说，暴食症是由于生理、心理和社会因素影响而产生的，其中影响最大的是社会和文化。你可以去问一下身边的女性朋友如何看待自己的体重，就会发现她们当中大部分会希望自己再瘦一点，"变瘦"似乎成为了当今社会的一种风气。很多女性认为漂亮的外表比身体的健康更为重要，因此给了暴食症可乘之机。除此之外，很多男性运动员也会因为体育项目对于体重有规定，而出现暴食症的情况。

季节的变化对暴食症的发作也有一定的影响。秋季和冬季的时候，脂肪合成代谢速度加快，而脂肪分解代谢速度减缓，因此人很容易发胖，所以秋冬季节也成了暴食症发作的高峰期。

其实，暴食症并没有那么可怕。发觉自己患有暴食症的时候也不要惊慌，先冷静下来规范自己的饮食习惯，可以根据自己的情况制作一份饮食计划表，然后一步一步地转变自己对于饮食的看法。当想通过"吃"来缓解情绪的时候，可以做一些其他事情来分散注意力，比如跑步、跳舞、唱歌、上网等等。饮食也要注意吃一些热量低的、健康的食物，减少高热量、高脂肪食物的摄入。当然，如果情况比较严重的话，就需要及早去医院，通过药物和心理两方面相互结合的方式来进行治疗了。

有钱不花 or"今朝有酒今朝醉",你在哪个阵营?

随着社会压力的不断增大,人们也越来越重视理财,开始有了攒钱的意识。有的人说:"为什么有钱不花? 现在都是超前消费了,谁还会去攒钱? 我们需要的是会赚钱的本事! "很多人自恃年龄优势,认为攒钱除了让自己的生活质量降低之外没有别的好处,就把注意力放在了如何赚钱之上。

其实,有钱不花不等于吝啬,并不是所有习惯攒钱的人都是守财奴。不管你赚钱的能力有多强,只要想积累财富,就不能脱离攒钱这个过程。攒钱的金额不分大小,哪怕只存一点点,或许就能在关键时刻帮到你。生活的"剧本剧情"总是始料未及的,手中若能持有应急资金,也不失为一种安全感。

葛朗台是小说《欧也妮·葛朗台》中的人物,他非常富有,却习惯精打细算过日子,把本可以富足的日子过得相当清苦。女儿欧也妮和母亲也在他的安排下忙碌着,时常要做一些缝缝补补的活计,就连生活用品都需要葛朗台亲自把关。吃饭也是一样的吝啬:面包上的黄油只能抹一点儿,喝咖啡糖不能多放,水果也不许多吃。他偶尔会给妻子和女儿一点点钱,但这并不能算是给,最多也就是把钱换个地方放着,因为他还会想方设法把钱一点一点要回去。在葛朗台的心中,没有什么比钱更重要,他的亲生弟弟因为破产自杀了,其实葛朗台完全有财力帮助弟弟,可是他却没有。

不过,葛朗台真的是一个非常有经济头脑的赚钱能手,不然他也无法利用当时的时代背景,一举从一个箍桶匠变成当地首富。而葛朗台的错误在于他把钱财看得比人的生命还要重要。

其实,有钱并不一定代表着成功,但这至少能够给人带来安全感,也能给人生道路的选择带来从容和淡定。其实就算月收入只有几千块,也有很多人去投资理财;月收入过万的人当中,也有很多是月光一族。攒钱可以说是理财的根本所在，不然，赚得再多也有可能随时回到起点，除非你是家底丰厚的富二代。

人难免会碰到一些突发状况，比如生病、失业等等，只要有积蓄，便可以安然渡过这些难关，让自己的生活能够有所保障，这样才不会让自己落入困顿的境地。

其实攒钱的作用不仅仅限于此，我们还可以在攒钱的过程中获得满足感。当我们自己的积蓄一点点增加，一步步达成预期目标的时候，我们会感到无比喜悦，而这种喜悦会让我们在前进的道路上更有力量。

事实上，攒钱这一过程能够很好地培养人们的消费习惯。如果攒钱成为了一种生活习惯，那我们肯定会对自己的生活开支有一定的规划。在树立了正确的消费观念以后，就能够明确自己的钱应该花在什么地方，每次买东西之前也都会想一想，什么东西是自己想要的，什么东西是自己必须要的。如此一来，就不会再出现过度消费的情况了。

赚钱的能力固然重要，但是攒钱的能力也同样重要。假如一个人没有正确的消费观，从来都不知道攒钱，那么无论这个人的赚钱能力有多强，一样都有可能沦为"月光族"。所以我们在努力提高赚钱能力的同时，一定要提升自己的攒钱能力，学会如何管理自己的钱财。如果有了良好的攒钱习惯并且坚持下来，那么无论何时，我们都可以做到在想花钱的时候就有钱可花，不会因为经济问题受到他人的束缚压制。

需要明确的是，攒钱并不意味着要牺牲自己的生活质量。很多人一提到攒钱，就立下了雄心壮志——要把这个月一半的工资存下来，坚决不逛街、不网购！然而，钱是存下来了，生活水平也直线下降，这也不敢吃，那也不敢买，更不敢出去玩。人辛辛苦苦赚钱无非就是想让自己能够生活得更好一点，这样的攒钱方式其实是对自己的一种折磨。攒钱是为了不让自己去过度地、毫无目的地挥霍，是为了投资和自我完善，而不是要让自己过得像个苦行僧。

因此，攒钱的金额应该是一个不影响自己生活水平的数字，这样每个月攒钱的数额虽然不多，但也有助于自己建立一个良好的习惯。等攒钱的习惯养成以后，再慢慢增加攒钱的数额即可。同时，在攒钱的时候可以给自己树立一个目标，比如攒够多少以后出去旅游或是给自己一个奖励等等，有目标才有动力，同时也能把攒钱变成一件趣事。假如攒钱这件事对你来说存在一定难度，那么不妨让朋友来监督你。有时候，寻求他人的帮助也是实现自己目标的一个好方式。

许多人攒不下钱不是因为没有形成良好的攒钱习惯，而是缺乏自制力。攒钱必须要持之以恒，只有管不住的心，没有攒不住的钱，只要有攒钱的决心并且坚持下去，就一定能够看到成果。

戒不了的依赖，控制不住的欲望

成瘾问题自人类社会出现以来就存在，可以说人类的每一种行为，在超过一定的界限后都可能成瘾。成瘾属于失控症，是一种反复性的强迫行为，即使人们能够意识到其所带来的危害，也无法控制自己。成瘾患者的人数随着社会的不断发展而高速增长，"成瘾"算得上是当今社会最来势汹汹的一种流行病。

一个人如果长期使用一种物质，就会对这种物质产生生理上的依赖，比如高血压的 β 受体阻断药。但是这种情况并不会出现成瘾的有害反应，没有影响到个人的生活功能，也没有使人对它出现一些心理渴求的状态，这里所说的成瘾主要是指心理渴求和行为失控，当然，成瘾的过程也会对自己、家人、朋友以及社会造成一定的有害影响。

成瘾的原因有很多，吃喝、生活、心理状况等都与之有一定的关系。举个例子，一个人遇到了让他难以忍受的事情，或者是他所生活的环境让他感到十分的不满，在这样的情况之下，他就需要寻找一个能够发泄情绪的渠道。他有可能会通过工作、运动、上网、玩游戏等来转移自己的注意力，不过，一旦这些活动进行过度，便有可能上瘾。

　　成瘾并不是单一的，它是能够多项成瘾的，并且还会有非物质性和物质性联合成瘾的情况出现。非物质成瘾又被称为行为成瘾，指的是人们控制不住自己、反复地进行一些会造成不良后果的冲动行为。而这些人在冲动行为得以实施之后，会感到愉快和放松，甚至会十分兴奋，比如上网成瘾、食物成瘾、购物成瘾、赌博成瘾等等。

　　物质成瘾指的是人们依赖于那些会影响自身情绪、行为，甚至改变自身意识形态的化学物质。一般情况下，这类人会冲动性觅药，并且滥用成瘾性物质，比如酒精和烟草等等。他们把药物的使用作为自身的第一需要，用药完全不计后果。

　　电影《梦之安魂曲》告诉我们一个道理：要学会克制自己的欲望，因为任何东西只要沉溺其中超过一定的限度，就会毁了我们。

　　电影共分为夏、秋、冬三个篇章。夏天有着热烈的阳光，一切都是生机勃勃、充满热情的，电影里的主角们也有着意外的好运气，好像所有的一切都在朝着美好的未来前进，表示秋天的单词是"Fall"，这个单词暗喻着堕落，主角们的命运也在这里急转直下；到了冬天，一切都显得严酷而又冰冷，疯狂和绝望紧紧缠绕着他们，所有的一切都已经无法挽回。

　　哈瑞和玛丽安想在小镇子里做点小生意，并憧憬着相伴一生。可惜，哈瑞和玛丽安在现实里都是瘾君子，毒瘾让他们一直都生活在黑暗和贫困当中。其实，哈瑞的生意是能够让他赚钱养活母亲和女朋友的。他给母亲莎拉买了家庭影院，让母亲可以随时观看自己喜欢的电视节目。他的表现让母亲看到了希望，也让玛丽安感到安心，开始认真地计划开设一家服装店。

沐浴在温暖的阳光之下，所有人都感到由衷的快乐，他们对未来充满了希望。可惜现实总是那么沉重。

有一天，哈瑞的母亲接到了憧憬已久的电视节目组的电话，节目组邀请她去参加现场演播，这让她感到无比欣喜。可是，等她拿出自己那条红色长裙的时候，却发现自己胖得穿不下了，希望破灭的残酷现实让她感到绝望。

莎拉开始节食，可是她却发现自己无法控制自己的食欲。这时候，服用减肥药的念头出现在了她的脑海中，她妄图用药物来消除这一折磨。于是莎拉走上了疯狂的减肥之路，她疯狂地吃着减肥药，以致精神渐渐变得不正常起来。她以为自己可以成为欲望的主人，却输得一败涂地。当哈瑞劝说母亲放弃服用药物的时候，莎拉有些悲伤地告诉他："它是微小的理由，它让明天变得更加美好。"

《梦之安魂曲》中，四季中象征生机和希望的春天从头到尾都没有被提及，但是电影中的人却都有着各自的理解。对莎拉而言，儿子哈瑞的毕业典礼就是她的春天，那年她身着一袭红色长裙，微笑着，举手投足间释放着非凡的魅力；对玛丽安而言，哈瑞就是她的春天，因为有哈瑞的存在，她才觉得自己活得像一个活生生的人；而对于哈瑞而言，春天就是曾经的那片海洋，一个穿着一袭红裙的女人站在那里，海风轻轻地吹起了她的头发；对泰伦而言，春天就是小时候母亲那温暖的怀抱。

哈瑞为了换取毒品，一次次将母亲的电视机偷出来拿去典当，而母亲为了能继续观看自己喜欢的电视节目，每次都会将电视机赎回来。以至于后来当铺的老板跟莎拉说："对于这个总是典当你电视机的儿子，你应该找警察来管教一下。"然而莎拉却笑着回答道："这可不行，他是我唯一的儿子。"

最后，莎拉因为滥用药物进了医院；泰伦因为贩卖毒品锒铛入狱；哈瑞失去了一只手臂；玛丽安为了换取购买毒品的钱财，而向医生出卖肉体。他们再次陷入了黑暗之中，他们也曾挣扎过，可是冬天却悄然降临。欲望在不停地生长，逐渐变成了一个面目狰狞的怪物，迫使人们向它臣服。

经过截肢手术，醒来之后的哈瑞又看到了曾经的那片大海，可惜再也没有看到那个红裙女子。现实与梦境之中，哈瑞对女友玛丽安发出的最后呼唤，成为影片最后的一首动人的挽歌。爱的死亡和春天的消失，最终成就了这一首充满遗憾的安魂曲。

这场悲剧的源头就是毒品，虽然影片台词中没有提到任何"拒绝毒品"的字样，但是人们却能够通过真实的令人感同身受的画面，感受到主角们因为毒品的侵蚀而走向毁灭的噩梦。

其实，人的痛苦大多来源于不切实际的追求，因为这会让人们感觉到自己的渺小和无能为力。影片中可怕的不仅仅是毒品，更是被欲望所支配的恐惧，这一切都是主角们落入无尽黑暗深渊的"幕后黑手"。

人人都想过得幸福与快乐，但这并不意味着要毫无限度地满足人的一切欲望。欲望有时候是一个人前进的动力，有时候也能让人成为傀儡，学会克制自己，把一切限制在一个合理的范围内，才是正确的选择。

你的身边有多少"瘾君子"？

说到成瘾问题，我们身边比较常见的是烟瘾。烟瘾也分两种，一种是生理烟瘾，一种是心理烟瘾。顾名思义，生理烟瘾就是指生理上对尼古丁的依赖。同海洛因一样，尼古丁也是一种成瘾性物质，不过尼古丁的致瘾程度要轻得多。尼古丁非常容易被人体吸收，也很快会被人体排出，所以那些抽烟的人会不停地吸烟，以"寻回"那些被排出的尼古丁。而心理烟瘾则是潜意识中那些抽烟的习惯、记忆、条件反射等共同作用的结果。心理烟瘾一般伴随着长期有生理烟瘾的人出现，一个人烟瘾发作之时，往往并不能分辨这是哪种烟瘾，他只是想要抽烟。

戒烟的方法有很多，不过这些方法似乎只对生理烟瘾有效。一般而言，戒掉生理烟瘾比心理烟瘾更容易，但是如果要把心理烟瘾和生理烟瘾分割开来看，是行不通的。对于长期抽烟的人而言，生理烟瘾和心理烟瘾是相互联系、相互影响的，二者早已经交织融合在了一起。而戒烟以后，则会出现戒断综合征，这是人体自我修复必然会经过的一个阶段。戒断综合征慢慢消失之后，便说明已经成功戒除掉生理烟瘾了。

相对而言，想要戒除心理烟瘾就困难得多了。抽烟的时间越久，人的烟瘾就会越大，心理烟瘾就会变得越重。戒除心理烟瘾不是一蹴而就的，虽然这个过程可能会让人感到非常无助，但也要多些忍耐，用时间去淡忘它。

当今社会，很多人都会因为抑郁或者工作带来的压力和疲劳而选择使用药物安非他命来对抗。有些人的动机十分简单，他们只是想提升自己的自信，使自己的精力能够更加充沛而已。不过，如果过多摄入安非他命，就会引起中毒，使人产生幻觉，造成情绪激动敏感，并伴随一些冲动行为。

所有的症状中，幻觉是最可怕的，也是杀伤力最大的。产生了幻觉以后，会让人觉得自己眼中的人和物都是夸张和充满恶意的；有些人还会出现幻听，认为周围的人在说自己的坏话；也有人会看到自己满身伤口，觉得有什么东西一直在自己身上乱爬。这其中有一些人能够认识到自己出现了幻觉，但是更多的人会丧失判断力，分不清现实与幻觉，也会去攻击别人，严重的时候还会造成精神分裂。

这些能够成瘾的物质都具有一定毒性，人在物质中毒的时候，感觉和知觉会有所变化，会看到一些奇怪的东西，听到一些奇怪的声音；无法进行正常的思考，判断力会下降，甚至会丧失；很容易走神、分神，注意力集中不起来；反应变得迟钝，行动也变得缓慢，无法像往常一样灵活地控制自己的身体；经常性失眠或者是常常感觉困乏想睡觉。

摄入成瘾物质以后，用不了多久就会中毒，中毒的程度与摄入成瘾物质的剂量成正比。只有人体血液和组织当中的成瘾物质含量有所下降之时，中毒的症状才会有所减轻。不过，有些时候即使人体中已经不含有成瘾物质了，这种中毒的症状也仍然会持续几个小时，甚至会持续几天。

因为摄入成瘾物质的时间、种类还有剂量不同，人们中毒的症状会存在一定的差异，中毒的症状也会受到自身耐受性的影响。我们可以这样来解释耐受性：最开始的时候，抽烟的人每天大概只抽一两根，随着烟瘾一点点加深，每天所抽烟的数量可能会达到二十多根。原来一两根烟所能带来的快感，现在则需要用二十多根才能满足。同样，失眠的人在最初服用安定的时候，一两片就有很显著的效果，如果每天都吃，过一段时间以后，身体便会产生抗药性和依赖性，这时候吃五六片也达不到最初的效果。

之所以会出现这种情况，是因为人们的耐受性提高了。一个人的耐受性如果变得很高，那么就算身体和血液里存在很多这类物质，它的作用也会大打折扣。就拿酒精来讲，一个人的酒精耐受性很高，就算是他血液中酒精的含量已经超标，也不会出现醉酒和中毒的迹象。

中毒有慢性中毒和急性中毒两种。一个人在急性可卡因中毒时，也许还可以做到友善待人，但是在长时间服用并且发展成了慢性可卡因中毒以后，他对别人可能就没有之前友好了，甚至还会表现得很冷漠。

除此之外，人们对成瘾物质的预期也会对症状产生一定的影响。比如在人们的预期当中，大麻会让他们感到放松，那么他们就会变得放松；如果在人们的预期当中，大麻会让他们感到焦虑，那么他们就会变得焦虑。

睡梦中的医生接到了来自好友德里克的电话，德里克在电话里告诉医生，刚刚妻子贝蒂吸食了大麻，现在她行为很古怪，希望医生尽快来家里看看。

医生匆匆赶到德里克家里，发现贝蒂正躺在沙发上，整个人看起来非常焦躁。她不停地叨念着："我现在很虚弱，站不起来了。我感觉我的血液流动速度都变快了，给我一杯水，我要喝水。"

贝蒂今年三十二岁了，是两个孩子的母亲。她一直都认为自己是一个非常有自控力的人，而且她做事的确非常有条理。因为她的邻居种植了高品质大麻，所以她才会跟大麻扯上了关系。她看到很多人痴迷于吸食大麻，感到很好奇，就想亲自体验尝试一下。

德里克告诉医生，贝蒂在连续吸了四五口大麻之后，就开始大哭起来，还喊着："我很难受，我站不起来了！"德克里和家人赶紧安抚贝蒂，试图让她平静下来，不承想这种安抚行为更加让贝蒂觉得自己的身体出现了问题。

医生给贝蒂做了详细的检查，发现她除了瞳孔放大和心跳加快之外，并没有出现其他的不良反应，身体也没有出什么问题。于是他告诉贝蒂："你的身体没出问题，就是有些醉了，休息休息就好了。"贝蒂听了医生的话，这才觉得安心，于是就回屋去睡觉了。她在床上躺了两天，虽然还是感觉身体有些虚弱，头有些晕，但是已经没有之前那种焦虑暴躁的感觉了。又过了几天，她才彻底恢复过来，从此她再也没有吸食过大麻。

大麻会改变人们对于生活环境和世界的感知。他们的世界是迷幻的，处于一种似梦非梦、似醒非醒的状态当中，而且他们还会觉得正常的感知是可笑的。长期使用大麻会对人的身体和心灵造成严重伤害，影响人们的正常生活。

除了大麻，还有一种成瘾物质，即可卡因。可卡因是从古柯树叶中提取的，呈白色粉末状，也是公认的最容易上瘾的物质。

吸食可卡因的人会觉得自己变成了自己想要成为的人，自己的梦想也实现了，这种成就感是前所未有的。但是如果吸食过量，就会让人觉得心绪不宁甚至出现妄想，有时还伴随着冲动行为。倘若停止使用，他们只剩下疲劳，还会产生抑郁的情绪。除此之外，他们还常常觉得有很多小虫子也在自己的皮肤里爬行，这样的痛苦让他们难以忍受，有些人甚至会用刀子割开自己的皮肤，让血液流淌出来，这样他们就会觉得身体里的小虫子随着血液被排出来了。

可卡因之所以最容易上瘾，是因为它对大脑中枢的刺激作用是迅速而又强烈的。可卡因的半衰退期非常短暂，也就是说它的作用消失得很快。可卡因成瘾的人，会为了让自己持续保持在这种兴奋的状态中而频繁地去吸食。随着时间的流逝，最开始的剂量已经无法让成瘾的人感受到最初的快乐了，于是他们不断地加大剂量，最终无法控制一时痛快的欲望，进而走上了违法犯罪的道路，从此妻离子散、家破人亡。

Chapter 08

秩序就是信仰，
杂乱就是酷刑
——异形心理分析

你是否总担心自己会因为忘掉某些事情而导致严重的后果？你是不是会过度洗东西、反复洗手？你是不是在做完一件事情以后要反反复复地检查很多次才会放心？你是不是产生过一些不好的想法或者念头却无法让自己不去想？你是不是什么东西都一定要摆放整齐？

　　这些都是强迫症的表现。而强迫症的表现也是多样的，比如反复怀疑门窗是不是关了，每次洗手都要洗10遍，洗手要按照一定的顺序等等。通常而言，有意识的强迫和反强迫是共同存在的，强迫症会以一些没有任何意义的想法或者是违背自己意愿的冲动不断地、反复地入侵人们的生活。

　　可是，即便人们能够认识到根本原因来源于自身，并且想要奋起反抗，但结果仍然是徒劳的。而且这种无法控制的意识和想要抵抗的想法之间所产生的矛盾和冲突也会让人陷入一种可怕的焦虑中，带来无尽的痛苦，严重影响人们的生活、学习和工作。

隐藏在"秩序"背后的深渊

英国哲学家弗朗西斯·培根说过:"光线若要万分明亮,就必须有黑暗的衬托。"

美剧《犯罪心理》第四季中讲述了一个连环杀手文森特,他是一个非常严重的强迫症患者,他生活中的每一个细节都必须一丝不苟地按照规律来进行。例如,每天他必须要在一个固定的时间点起床、刷牙、洗脸;衣服从衣柜里拿出来必须整整齐齐地摆在床上,并且抚平上面的褶,开门必须得拉两次——不管是衣柜的门、冰箱的门还是汽车的门,都必须要遵守这个规则;切三明治必须切两次,吃饭也必须在一个固定的时间;开车门必须要垫着布,汽车方向盘上还要裹着保鲜膜;当走在人行道上的时候,必须要踩到地砖的格子上,遇到有裂缝的地砖必须得避开;帮别人捡了东西之后必须要反复地清理自己的手;一年杀一次人,每次都选择同一种类型的人,在同样的时间里,用同一种方式来杀,甚至还把被害者摆成同一种姿势,并且拍下自己杀人的视频。所有这一切都仿佛例行公事一般,似乎塑造他的不是血肉之躯,而是按照流程运转的机器。

而形成这一切的原因,是文森特九岁的时候曾目睹自己的父亲将母亲杀害。父亲杀死母亲之后慌乱地逃走,而他则在母亲的尸体旁坐了 24 小时。家里的摄像机拍下了母亲被杀害的整个过程,而文森特一直瞒着警方这卷录影带的存在,在此后的二十年里,他一遍又一遍地观看着母亲被害的这段视频。

文森特在童年受到的精神创伤来得猝不及防,内心的冲突使他感到无比的焦虑和恐惧,由于这种情绪无法得到纾解,于是他就用这种强迫、重复转移的方式来缓解自己的焦虑，使自己无需直面内心的黑暗和绝望，以此来避免自己走向崩溃。

强迫症是一种严重的焦虑症状，一种十分典型的自我内心冲突症状。这个症状与遗传、心理、社会、个性等因素都有一定的联系。强迫行为能够通过不同的途径来习得，一旦获得之后，患者就会发现借助这些强迫的活动能够帮助自己减轻焦虑情绪。于是，每当自己感到情绪焦虑的时候，他们就会采取这种方式来缓解。久而久之，强迫行为得到了强化。再加上这种强迫方式对于驱除自己的焦虑是有效果的，因此，会逐渐稳定下来，最终成为习得性行为的一个组成部分。

如果要禁止那些有严重强迫症的人做强迫动作，他们就会出现严重的焦虑情况。如果他们自己内心想要消除这种强迫行为，同样也会陷入严重的焦虑之中。就像是一个人站在悬崖边上，身后是万丈深渊，他只能转过身来，后背紧贴着崖壁，否则一不小心就会跌入深渊。这是人本能的一种自我保护。

强迫的观念以一种十分刻板的方式反反复复地进入到人们的意识中，这些对于人来说其实是无意义的。有的人能够意识到这些，之后想要摆脱，可是却无能为力。

剧中开头就已经明确表明了文森特的强迫症始于他的少年时期，那是童年时留下的精神创伤，而所有的这一切令他感到非常的痛苦和迷茫。长大成人后，他去看心理医生，使得这个创伤的根源被深深地压抑了 10 多年。

剧中的心理医生对文森特一步步地进行引导，所说的每一句话都是一个心理医生在面对强迫症患者时必不可少的，只是文森特所进行的治疗并不够深入，也不够彻底。心理医生只是引导文森特迈出了第一步，但没有找到造成他这种强迫症的真正根源，所以就无法化解他身上这种已经深深扎根的焦虑。

文森特在经历了撕心裂肺的痛苦和挣扎以后，不再选择逃避，而是勇敢面对这一切，并且开始忏悔自己的行为。他的心理非常矛盾，他想要停手，可是无论怎么努力，却依然像个酗酒成性的人，继续着疯狂的举动。所以他在拍摄的视频里写下了"helpme"的字样，以此向警方求救，希望警方能够阻止他。

这个心理医生是抽烟的，他摁灭烟头的行为意味着此次治疗结束。但是，抽烟的细节暴露了心理医生对这次问诊的不耐烦。也许这个心理医生有着丰富的经验，但他却不够真诚，而真诚是一个心理医生必备的素质。

强迫症通过治疗是能够得到改善的，可惜文森特并没有遇到一个好的心理医生。

电影《黑天鹅》中的女主人公妮娜也是一个强迫症患者。妮娜是一个芭蕾舞演员，和母亲生活在一起，她的母亲曾经是一个芭蕾舞演员。

妮娜的母亲是固执而又特立独行的，她对妮娜有着极高的期望，由于失去了丈夫和事业，女儿成了她唯一的精神支柱，也成了她实现愿望的一个工具。母亲对妮娜的控制欲令人感到窒息，而妮娜也在潜移默化中默默承受着母亲的重压。

年轻的妮娜迎来了事业上的第一个机会——竞争芭蕾舞剧《天鹅湖》中的首席舞者。总监托马斯要求女主角必须要有白天鹅的纯洁与善良，还要有黑天鹅的邪恶与放荡。在竞争中，妮娜无可挑剔地展现了白天鹅的高贵品质和无与伦比的美貌，而她的对手莉莉则仿佛是黑天鹅的化身。

对此，妮娜心里产生了巨大的焦虑和恐惧。她整日拼命地练习，希望能得到这个角色，导致精神持续处在一种高度紧张的状态下，她开始出现幻觉，并且越陷越深。最终，她完美地演绎了黑天鹅，却迷失了自己。

电影中，妮娜在母亲的压力和期许之下，一直走着母亲要求的道路，她不能反抗，也不能走岔路，甚至不能有自己的情绪和想法。因此，一个28岁的女孩子的房间里依然是小女孩时的样子，粉色的睡衣、床单，满屋的毛绒玩具。电影中，妮娜的手机多次出现，每次出现"MOM"的时候，都能看到粉红的底色。

长期的压抑慢慢发酵、变质，最终演变成了惩罚自己和身边人的强迫症。无法控制的抓挠、贪吃，无疑都是强迫症的表现，妮娜和母亲都存在着这样的情况。

也正是因为母亲严格的管教，妮娜的身上从未出现过年轻人应有的活力和热情。她总是小心谨慎地跳好每一个舞步，并且习惯于追求完美。在她的认知里，只有"成为一个最优秀的芭蕾舞演员"这一个目标。她把自己束缚在一个小小的框架中，无法挣脱。

巨大的压力和内心的焦虑造成了妮娜的自我束缚和过于追求完美的强迫症。这世间没有十全十美的事，过度地追求完美让妮娜陷入了矛盾之中。而这一切，正慢慢将她推入深渊。

在最终的演出中，妮娜出现了一点小小的失误，尽管演出获得了巨大的成功，但她对自己的表演却不满意。她回到化妆间，与"莉莉"发生口角，并且刺死了"莉莉"。而此时真正的莉莉出现了，她来祝贺妮娜演出成功，妮娜这才发现，她刺的人其实是自己。

妮娜的转变过程和最终的悲剧结果令人唏嘘，这归因于她自身的性格和生活环境。环境对于一个人的影响是巨大的，如果妮娜生活在一个良好的环境之下，或许就不会形成这样的人格，也不会走向自我毁灭。

文森特和妮娜的悲剧，都是因为在出现了心理问题后，却没有得到及时的改善所造成的。

或许对策多一点，悲剧就会少一点。

那些突如其来的荒谬念头—强迫症思维

有时候，在某种场合下，有些人会突然生出做一些错误行为的念头，这些人明明不愿意去做，却偏偏控制不了自己的想法。例如一位母亲抱着孩子在湖边散步，突然生出将孩子扔进湖里的想法，虽然她并没有真的去做，但是内心还是会觉得十分紧张和惊恐。

这样的例子还有很多。有的人在和别人握手，或是手碰到别人的衣服后，明知道并不脏，却非得去洗手；有的人看到路上有人边走边吃东西时，就想冲过去将食物从对方手里夺下来。

这些都是强迫性意向，也叫强迫性思维。有些时候，强迫性思维是带有伤害性、不合理性的，比如有人会突然生出想要打人、想要跳楼、想要当街脱衣服裸奔等念头。虽然他们并不会真的去做，但是他们总是会产生这种强迫性意向。

凯丽的父母都是大学教授，对她的要求十分严格。因为自幼受到良好的家庭教育，凯丽的成绩一直非常好，她的父母对此很欣慰，并时常夸奖她。

到了中学，学习压力逐渐增加，凯丽的父母时常在她耳边唠叨，让她好好学习，这样才能申请一所一流的大学。这让凯丽感到厌烦，甚至变得厌学。每次学习时，她想要集中注意力，却绝望地发现，越是要求自己集中，越是集中不了。

这种情况越来越严重，后来甚至出现了余光强迫症。每当看书或是写字时，她的余光总是会受到周围物品的吸引，她想要收回自己的目光，却怎么也做不到。她非常渴望能找回之前的学习状态，却难以实现，这让她的内心充满了焦虑和不安，整日里备受煎熬。后来STA考试结束，凯丽才彻底放松下来，余光强迫症也得到了一些缓解。

大学的时候，凯丽喜欢上了一个男生，她总是觉得那个男生在用余光看自己，这让她感到十分紧张，她非常害怕那个男生看自己，于是就把自己的视线限制在了一个非常狭小的空间里。但凯丽又忍不住想要知道那个男生是不是在看自己，她不敢光明正大地去看，只能偷偷摸摸地用余光去观察。久而久之，凯丽的余光强迫症竟然严重到只要身边有人，她就会觉得别人在盯着自己，这严重影响到了她听课。她想要克服这个问题，为了不让自己的余光再看到人，她在说话的时候不敢抬头，不然就会异常恐惧，这对凯丽的人际交往产生了十分不利的影响。

可怕的是，她还出现了其他强迫症。比如口水强迫症，有这种强迫症的人往往会控制不住自己对于唾液吞咽的各种想象。凯丽害怕别人听到她吞咽唾液的声音，她认为在别人面前吞咽唾液很不得体，害怕这会影响到别人对她的评价。她还会不自觉地去想，如果这个问题无法克服，之后可能会出现的状况。她在重要的场合或重要的人面前，会感到十分紧张，害怕自己会不停地吞咽唾液，害怕别人因此注意到自己，而这种情况导致意识被动地集中在口腔里，并且使唾液分泌得更多了。

有口水强迫症的人会认为自己吞咽口水的行为已经严重影响到了他人对于自己的评价。他们会刻意逃避某些场合，逃避某些人，以防止这种行为影响到自己的社交和前途。但他们越是逃避，这种强迫症就会越严重。

除此之外，凯丽还出现了呼吸强迫症，她对自己的呼吸非常敏感，她总是会有意识地去控制呼吸的轻重和节奏，还常常担心呼吸会在她不注意的时候突然停止。

由于很害怕自己的某些不经意行为会在别人眼中留下不好的印象，凯丽一直小心翼翼，非常害怕与人接触，更回避人际交往。比如在坐公交车的时候，她的余光总是会很注意与自己并排坐的人，也不敢去看其他人。虽然她用余光看到别人并没有盯着她看，但依然觉得非常压抑，她会把自己的视线局限在一个很小的范围里，生怕其他人认为她在看他们。她感到非常拘谨，想要看前方放松一下时，也总是因为害怕而不敢看。

凯丽出现这种状况的主要原因就是压力过大，无论是生活上还是学习上的压力，都让她无所适从。她一直要求自己学习要名列前茅，要求自己一定要比其他人优秀。她不敢谈恋爱，甚至因为不自信而感到害怕。在她看来，她学习无法集中注意力是因为余光的存在，只有消除这个不应该存在的余光，她才能恢复学习效率，于是她对自己苛刻起来。但余光是客观存在的，并不是努力就能消除的，因为这种对抗，凯丽消耗了很大一部分精力，这就使得她在学习的时候注意力更加不集中了，而此时她又会认为是余光所致，于是就陷入了一个恶性循环。

因为过于追求完美，凯丽已经无法正确认识自己了，即使在别人看来她已经很优秀了，但是在她自己眼里，依然没有达到自己想要的程度。于是她不断地否定自己，这使得她变得越来越自卑、越来越胆小。渐渐地，生活在她眼里都变得毫无意义了。即使她在现实生活中表现得很好，她对自己的认可度仍旧非常低。

一个人会出现这样的情况与其本身的性格有很大的关系。自卑的人和自信的人对于成功的认知存在着很大差异，那些自卑的人往往会将成功看作是运气或者是别人对自己的帮助，成功的人则不这样认为，在他们看来，成功大多是自身努力的结果。

对于如何改善此种类型的强迫症，家庭是一方面，自身是一方面。家庭内部的压力和一些错误思想的灌输会使得情况更加严重，就自身而言，如要及时纠正自己，就要学会自我调节，并且丰富自己的日常生活，扩大自己的生活圈，使自己更加适应这个社会。

隐藏在生活细节中的强迫症，看看你中了几个

网上存在着很多令人无比难受的图片，比如万红丛中一点绿，对不齐的铁环，纯黑色键盘有一个键是白色的，缺角的、不整齐的设计……这些图片绝对会让人内心那些强迫症因子蠢蠢欲动。

强迫症的类型也千奇百怪。

有些人喜欢咬自己的指甲，有时候还会把指甲和手指头咬破，想要控制却又停不下来，因为不咬就觉得浑身难受；

有的人喜欢某个数字，无论办银行卡还是手机卡，都必须要带这个数字；

有些人对某些数字存在莫名其妙的"信仰"，而对另一些数字则存在无法言明的厌恶，比如存文件之前，保存键要按10遍，整理书柜要一次拿10本，一旦出现带3或7的数字，就难受得抓耳挠腮；

有些人特别喜欢撕东西，尤其是一个人独处的时候，会不自觉地撕身边的纸，并且还要撕得整整齐齐；

有些人总是去强迫自己回忆一些乱七八糟的生活琐事，想不起来就浑身不舒服，这样的细节如果想不起来就会寝食难安，直到想起来才会安心。

有的强迫症患者，只要拿到一张报纸或者一本杂志，就必须要全部看完，任何一个角落的文字都不能放过。如果只看了一半，就会耿耿于怀，一整天都心神不宁，必须把没看完的部分看完才能得到缓解。这样的人最怕的就是在外面偶尔看到别人手里拿的书或者是报纸，如果一眼只瞥到了半个标题，那就麻烦了，他们非得搞清楚剩下的半个标题是什么，悬着的心才能彻底放下来。

有些人的强迫症比较有趣，这类人如果看到电影里有个演员很眼熟却又叫不上名字，就会拼命回想曾经在哪个影片里面见过。如果想不起来，接下来的几天都会被这种"我还有事情没有完成"的思绪困扰着，导致寝食难安。

有一个患有这种强迫症的人讲述了自己的经历。他去电影院看《变形金刚》，影片播放前有一段广告，这时候，屏幕上出现了《哈利波特与凤凰社》的预告片，里面出现了魔法部派来接替邓布利多校长职位的那个喜欢粉色的女反派乌姆里奇。他觉得那个演员看起来非常熟悉，但就是没想起来曾经在哪个电影里看到过，导致接下来的电影他都没有心思好好看了。回到家之后，他下载了预告片，经过反复观看，仍然一无所获。那种似曾相识、触手可及、但就是抓不住的痛苦让他苦不堪言。一直到第三天，他才突然想起来：这个人曾经演过《守法公民》

里主角的老婆，总共出场不过 3 分钟！

在这之前，他还看过一个恐怖片叫《八脚怪》，电影里有个中年女性角色，这是一个为人和善的人。他在看的时候忽然觉得这个女演员似乎在哪里见过，强迫症也就爆发了。他动用了一切方法去搜寻，终于得偿所愿：原来这个演员在《异形 2》里面有一个镜头，她只说了一句"杀了我"就死了。

还有些人喜欢收集信息，他们不光喜欢浏览信息，还喜欢发布信息，这类病症被称作信息强迫症。有这种强迫症的人认为，如果没了信息，生活就会变得十分乏味。他们喜欢不停地刷新网页和邮箱，不管是去开会还是去了一趟洗手间，回来的第一时间一定都是检查邮箱和网页有没有新的内容；如果是在上班时间，总会第一时间打开电脑并查看电话录音；任何时候都不能离开自己的手机，如果忘带手机就会惊慌失措，仿佛全世界都崩塌了一般；还有一部分人每天固定买早报，每月都会逛书店买杂志和书。

此类患者通常会将自己浏览和收集到的信息有意识地记录下来，用来供日后交流使用，他们最害怕的就是网络出现问题，断网对他们来说犹如噩梦一般。一旦离开了网络，他们就会焦躁不安，总是担心自己会漏掉什么重要的信息，害怕这会给自己的工作和生活带来不良影响。

有信息强迫症的人一般都是上班族，这与工作压力大有很大的关系。当今的社会竞争压力太大，有时候一个新信息可能就是一次升职加薪的好机会，信息的利用价值可想而知。当然，这其中也包含一些娱乐因素，像有什么好看的电视剧、书、哪个明星又有了新的八卦、放假去哪里旅游、做什么样的运动才健康、怎么生活才算是时尚、哪里有美食等都是这类人所关注的重点。

对他们而言，只有收集到更多有用的信息才会产生安全感，因为这样能够让他们在工作或者人际交往中得到更多的主动权和优越感。他们会在信息交流的过程中不断打探其他人的情况，然后强迫自己去收集更多更有用的信息，以此超过其他人。

虽然许多信息十分利，但很多人却在繁杂的信息面前迷失了自我，不但没有利用信息很好地改善自己的生活、让自己的生活变得更加愉快，反而让自己的内心越来越矛盾，产生无法控制的焦虑和不安，如果这些负面情绪不能得到及时的调节，就会严重影响日常的工作和生活。

在一家证券公司担任行政工作的提姆就有信息焦虑症，具体来说是邮件焦虑症。因为工作性质，提姆每天都会收到几十封邮件，每次他看到满屏幕的未读邮件时，都会想要把它们统统消灭干净。他不光检查收件箱，就连广告邮件、订阅邮件都会挨个去看，甚至连垃圾邮件都不放过。提姆之所以会有这样的强迫症，是由于他曾经因漏掉了一封邮件而错失了一次相当好的机会，从那时候开始，他就得了邮件焦虑症。

其实，这些都不是特别严重的强迫症，只要我们学会转移注意力，都能够得到改善。在日常生活中，可以多与朋友聊聊天，一起出去散散心，也可以去图书馆阅读一些自己感兴趣的书籍，或者是去健身房挥汗如雨。如果强迫症太严重，我们就会被情绪左右，让自己的幸福感降低，对生活和工作产生负面的影响。我们需要做的，就是学着控制自己，做情绪的主人，而不是被情绪牵着鼻子走。

失眠的黑洞：那些挥之不去的不眠之夜

在当今社会，每个人都面临着极大的压力，失眠的人数与日俱增。我们经常会听到"我昨晚又一晚上没睡着觉""我实在睡不着，于是刷了一晚上微博"、"我又失眠了，早上起来一点精神都没有"之类的话。

一次两次的失眠都会让人觉得没精神、头痛，那么长期的失眠一定更加痛苦。人一旦长期处在一种情绪亢奋或抑郁的状态下，便会导致神经功能性失调，失眠强迫症也就出现了。可以说是长期的失眠导致了强迫症的出现，同时因为有了强迫症，失眠才频繁出现。

通常来讲，患有失眠强迫症的人会觉得自己很辛苦，每天都要忙碌地上学或者上班，忙到没有别的时间去做自己想做的事情，更不用说休息了。因为疲累，许多人觉得一旦闭上眼，自己随时能睡着，但事与愿违，他们每天晚上都睡得很晚。有的人觉得自己还有很多事情没做，睡觉太早等于浪费时间；也有的人认为只有在深夜自己的思路才够清晰，然后就把白天应该完成的工作留到半夜去做，于是白天便顶着大大的黑眼圈和布满红血丝的眼睛去工作，哈欠连天。这种时候，他们会对前一天晚上的熬夜行为感到无比懊恼，但是又无法逃脱这样一个怪圈。

对于格兰特来说，失眠是一种恐惧。小时候，他曾因为睡不着导致第二天的生活一团糟，所以对于失眠这件事，格兰特存在一定的心理阴影。但是，他越是感到害怕，就越是睡不着，最后的结果就是几乎每天都失眠，这种情况随着他年龄的增长越来越严重。

失眠的恐惧感总是会在他临近睡着的时候突然出现在脑海中，然后他便会瞬间清醒，这种情形让他痛苦万分。对于格兰特而言，只要一天能够睡足7个小时，他就无比满足了。对普通人来讲，睡足7小时是再正常不过的事情，但是对于格兰特来说却是一种奢望。他不仅晚上睡不着，白天更是睡不着。学校有专门的午休时间，可即便很困，格兰特也只会在床上翻来覆去，下午的课程也无法集中注意力。

后来上了大学，格兰特因为睡不着，常常玩游戏到深夜，结果导致自己越来越兴奋，更加无法入睡。有的时候，他玩累了想睡觉，但失眠强迫症令他无法入睡，干脆就又去玩游戏了。于是他每天都处在一种浑浑噩噩的状态之中。

格兰特很擅长打篮球，但因为晚上经常性失眠，第二天他总是没有足够的精力，在比赛的时候也很容易走神，导致球队输球，这让他非常自责和懊悔。

失眠的原因有很多，一般来说是由于生活中的压力过大，面临的挑战过多，从而导致精神紧张，人心疲惫。现如今，人们长期处在一种快节奏的工作和生活之中，但是自身敏感的神经却并不能完全适应这样的生活环境。生理上来讲，这是肺腑功能紊乱，气血亏虚导致的。

想要减少甚至避免失眠，就要降低自身的压力，及时调整自己的生活状态。

首先，要养成一个好的生活习惯，尤其是休息的时间一定要有规律；体育锻炼可以促进睡眠，所以平日里一定要加强锻炼，跑步、打太极拳、游泳、跳绳、睡前按摩等都对防治失眠起着一定的作用；即使是长期处在失眠的状态之中，也要按时睡觉、按时起床，不要过早睡觉，也不要起床太晚；午休也要适度，万万不可用午休来代替夜晚的睡眠，这样会使得你的生物钟受到干扰，从而加重失眠的状况；同时也要注意，白天能够完成的工作不要留到晚上，避免熬夜。

其次，可以采取一定的方式把自己的注意力转移开，比如泡一个香薰浴、喝一杯热牛奶等等，千万不要去打游戏或者看小说、刷微博，这只会让自己更精神。不要陷入惯性思考，要学会不对习惯性的强迫思考做出反应，慢慢地，你就会发现自己正在一步步远离失眠。

失眠者要注意给自己创造一个适宜的睡眠环境。晚饭少吃一些，避免腹胀影响睡眠，也要避免喝酒、浓茶或咖啡，这些都有一定的提神功效，让人更加难以入睡。适宜的温湿度、清新的空气、幽静的环境、暗淡的光线、柔软的被褥等等，都可以让一个人更容易进入梦乡。

要注意调节自己的心情，一个人只有在心绪平静、精神放松的情况下才能安然入睡；切不可在睡前做激烈运动，比如跳舞；不要看刺激的电视电影或书籍，也不要去反复思考白天的学习或者是工作，不要去想第二天的计划；如果白天发生过什么不开心的事情或者是什么失误也不要去想，尽可能排除这些心理干扰。

最后，一定不要让自己产生精神上的负担或压力。一个人如果因为失眠而焦虑或烦恼，每到晚上就会害怕自己失眠而感到紧张，拼命想让自己入睡，却往往会适得其反。对付失眠一定要循序渐进、顺其自然，可以在上床前做一些让自己感到放松的事情，比如出门散散步、听一些舒缓的音乐、洗一个热水澡，这些都能让自己忘记白天的不愉快和烦恼，令精神放松下来。对于失眠也不要刻意强化，关注越多越容易引起失眠。如果不过于关注，并暗示自己失眠不过是一件再正常不过的事情，这种状况就会逐渐减轻。

短期的失眠并不需要治疗，但是如果陷入长期的失眠，可以让医生开一些安神的药物来辅助治疗，或是找心理医生聊一聊，释放一下内心的焦虑和紧张，别让自己一个人陷入不安的情绪之中。

追求完美也是强迫症？你的行为正常吗

每个人的身上都或多或少有些强迫症，比如书架上的书必须分门别类摆放整齐，衣柜里的衣服必须摆放好，书桌上的笔必须要放到笔筒里，厕纸必须要撕得整整齐齐等。在一些追求完美的人身上，这种情况会更加明显。

严格来讲，强迫症并不能算是一种疾病，不过它却比疾病可怕得多。疾病大多是能够治愈的，而强迫症虽然能够通过药物和心理治疗得到改善，但大部分时候都只能自己默默承受这种痛苦，更何况还有很多人根本就不能理解为何有的人举止行为会如此怪异，且声称自己无法控制自己的行为。

每个人身边都有这么一类人，他们对于细节总是过分关注，在他们眼里，到处都是问题，处处都有毛病。他们对自己非常严苛，不允许自己犯任何错误，处处追求完美；但是他们又以自我为中心，并且还常常挑剔身边的人和事。德裔美国心理学家和精神病学家卡伦·霍妮说："他感到自己是无足轻重、一文不值的，但是假如别人不把他当作天才来看待，那么他又会勃然大怒。"他们既自我又自卑，充满了矛盾，这是典型的完美强迫症。

一般来说，形成完美强迫症的主要原因是小时候父母管教太过严苛，只有在你将事情做得几乎挑不出任何问题的时候，他们才会给出一点微乎其微的认可和奖励；或者无论你怎么努力，将事情做得如何尽善尽美，父母还是要挑你的毛病。在长期的精神打击下，这种追求完美的心理不断被强化，最终形成了完美强迫症。

还有一部分原因是自身的性格。通常而言，有完美强迫症的人也会有一定程度上的强迫人格，他们在性格上的特征一般表现为拘谨、细心、谨慎、喜欢思考、过分关注细节、凡事要求完美，但是又略显刻板等。

当然，追求完美的强迫症并不完全是负面的，从一方面来讲，它也会带来一些好的结果。

韦恩先生是一个有"洁癖"且凡事追求完美的工作狂，他总是把自己的工作台收拾得干干净净，将自己的个人生活也打理得井井有条。这种行为使得他能够排除一些纷杂繁乱的小问题，从而更快更好地投入到工作与生活当中。

有完美强迫症的人大多都比较优秀，他们的工作效率通常也比普通人要高，因为他们追求完美，所以会尽全力去做好每一件事。当我们还在为要不要去做某件事情而犹豫不决的时候，他们已经在短时间内强迫自己高效完成了。在其他人看来，这是很正能量、很励志的，有时候还能带动周围的人提高工作效率。

其实那种程度比较轻，不会对学习和工作造成不良影响的完美强迫症是无伤大雅的，也无需太过关注。但如果是过度追求完美，就会出现很多问题。对自我要求和期待太高，会使得自己永远无法找到自信，从而失去动力，更不用说有所成就了。

虽然有完美强迫症的人很有执行力，但是在沟通方面却是欠缺的。他们喜欢据理力争，总想要立马搞定所有事情。由于把太多时间花费在内心的交战之中，往往就限制了自己的才能发挥，从而使得要面临的压力大幅度增大，严重的时候甚至会出现焦虑、烦躁等情况。人一旦出现这种状况，必然会对生活、学习或者是工作造成很大影响，严重的话还会有害身心健康，让自己的人际关系受损。

当一个人的强迫症严重到一定程度的时候，是有可能产生自杀倾向的。调查显示，有很多久治不愈的强迫症患者，因为长期生活在焦虑和痛苦中，于是出现了自杀倾向。在日常心理咨询中，也有很多强迫症患者表示，因为自己的情况久久得不到改善，会产生十分消极的厌世情绪。

当然，想要改善完美强迫症也不是没有方法的。

首先，要学会接受自己，不要过高地要求自己，更不要总是把自己的价值建立在表现和成就上。要学会相信自己、认可自己。

其次，在生活中，不要逃避现实，也不要用一个完美幻象来迷惑、代替自己，这样就会活得更加自信，也不会因为自己不完美的表现而焦虑不安。在这样的状态下，人的聪明才智和潜力才能得到更好、更充分的发挥，人也更容易进步，进而取得成就。

最后是抛弃"偶像包袱"，不再做"完人"。有的人从未犯过错误，那是因为他什么事情都没做过。"人无完人"，允许自己犯错误，多做一些事情，才不会因为过分追求完美而停下探索和前进的脚步。

如果对自己的期待和要求过高，而现实却达不到这个要求，就会使人陷入一种焦虑的状态。长期处在这种焦虑的状态中，人将不会再感觉到快乐，即使取得了一些成就，也无法感到过多喜悦。而且，那些超出了自己能力范围的要求除了浪费时间、让自己变得更加焦虑痛苦之外，并没有什么别的用处。所以不如多设置一些比较容易实现的目标，以帮助自己增强自信心，并且在实践中积累经验。

做最好的自己，设立适合自己的目标和理想，不要让它们成为压垮自己的包袱，而是要使其成为指引自己前进的满天繁星。只有这样，才能够不断地超越自己，向着自己的理想前进。

Chapter 09

你身边最阳光的人可能
最憧憬死亡

——微笑抑郁症

每个人都存在潜在的抑郁，有些人会及时地进行自我调节，而有些人则困在抑郁的围城里，难以走出来。相关统计数据表明，不只是那些看上去性格孤僻的人易产生抑郁，那些经常在大家面前逗乐、办事豪爽、犀利的人也容易产生抑郁，他们总是伪装自己，不让身边的人担心他们，那些他们痛苦度过的无数个夜晚，他们的心在啜泣，而身边的人却听不见。

　　有很多患有抑郁症的人在外人眼里是开朗的、活泼的、阳光的，他们把真正的想法完美地隐藏在心里，把巨大的痛苦和煎熬压在心底，家人和朋友根本无从察觉。这种抑郁症被称为"微笑抑郁症"。

　　患有微笑抑郁症的人每天都保持着让人如沐春风的微笑，这是他们那阴暗内心的最好伪装，这样的微笑不是内心的真情实感，而是一种伪装手段，且逐渐发展成了一种负担，时间一长，就会使人感到十分痛苦和压抑。

微笑是抑郁最完美的伪装

"你不是真正的快乐，你的笑只是你的保护色。"面对微笑抑郁症患者，我们很难发现他们隐藏在微笑下的痛苦，这种微笑成为他们保护自己的铠甲，也变成了禁锢情绪的牢笼。

微笑抑郁症患者之所以用微笑来伪装自己，很大一部分原因是由于抑郁症，这往往被当作精神病来看待，且会受到人们的嘲笑。

微笑抑郁症在上班族和从事服务行业的人群中比较常见，这类人或许是因为工作和责任，或者是为了让自己快速融入到某种环境中，为了自身的生存和前途，即使心情低落，他们也不得不逼迫自己强颜欢笑，让脸上随时随地都保持着笑容。在外人看来，他们都是热情、乐观的，但其实他们的内心是消极悲观的。这种外表和内心的不统一，会令人越来越矛盾，随之而来的是更多的消极情绪，久而久之，就会让人产生对自我，甚至对社会的不满情绪，这种负面情绪越积越多，却又无法得到排解，渐渐就演变成微笑抑郁症。

还有一部分人是因为自卑，他们对自己的评价过低，非常不自信，又不善于表达自己，于是在人前就表现得小心翼翼，常常用微笑来讨好别人。他们往往会表现出非常具有亲和力的一面，从不轻易显露自己的负面情绪，以此来博得他人的好感和赞扬，短片《态度娃娃》中的女主角艾利就是这样一个人。

艾利小时候养了一条金鱼，一个男孩的球打碎了鱼缸，金鱼死了，可她却微笑地对小男孩说："没关系，再买一条就好了。"但她在低下头以后，却露出了难过的表情。

一把扫帚无情地将死去的金鱼和一地的碎玻璃扫走了，家人的漠视让艾利硬生生地憋回了眼泪。此时的她心里想着："只要发自内心地微笑，就没有什么问题是解决不了的。"

　　渐渐地，艾利变成了一个不善于表达的人，她的负面情绪仿佛被删除了一般，每天都带着格式化的微笑。因为她的笑容，从小到大身边的人都对她称赞不已。久而久之，艾利的笑容变得越来越僵硬，终于变成了陶瓷娃娃脸，艾利用手敲了敲自己的脸，居然还有清脆的回响声传来。她很惊讶，对着镜子自言自语："怎么会这样？"

　　艾利走在大街上，却发现大家并没有注意到她奇怪的脸，似乎所有人都看不到她的笑容已经凝固了。有个星探看上了艾利的笑容，想要把她包装成明星。艾利犹豫之后，答应了星探。

　　随后，大街小巷全是艾利的新专辑《微笑》的消息，人们纷纷谈论这个新出道的偶像。艾利的歌评分相当高，所有的女孩都疯狂地模仿着这位心中的偶像。甚至有商家推出了艾利微笑维持器，几乎所有的女孩都买了。粉丝戴着维持器的脸有一种异样的狰狞，面对这样的情形，艾利有些难以接受。

　　艾利发信息给她之前的好朋友，想约朋友出来玩，没想到朋友说工作忙，拒绝了她。但是艾利却在咖啡厅看到了她的朋友，朋友正带着不屑的语气跟同桌的人说："她不过只是会笑而已，有什么好见的。"众人纷纷附和道，"说的没错。"然后朋友问邻座的女孩："你说对吧？"那个邻座的女孩转过头来说："对呀。"令人感到惊讶的是，这个女孩也有着跟艾利一样的陶瓷娃娃笑容的脸。艾利这才知道，她的朋友们只不过是需要一个会笑的人，至于那个人是谁，其实无所谓。

　　艾利难过地回到家，但是她却只能保持着一张微笑的脸，她拼命想把自己的面具撕下来。此时的她已经知道，是这张笑脸使得她受到无数人的称赞和追捧，但她却感受到了真实的自己正在渐渐消失。

　　这时候，她的经纪人打来了电话，兴奋地告诉她全国巡演已经定下来了。

在去演唱会的路上，艾利和她那条早已死去的金鱼进行了一场心灵对话，金鱼告诉她，它记得她真正的脸。艾利问金鱼她能不能做回真正的自己，金鱼告诉她，只要有勇气毁掉她现在的一切，就可以变回去。

　　演唱会上，艾利拿着话筒砸碎了自己的脸，拼命地喊着："大家不要学我！"然后她被保安拽下了舞台。在这个过程中，艾利嘴里一直喊着："请不要变得跟我一样！不要失去自我！"

　　没想到，艾利在演唱会打碎脸的举动并没有影响她的前途，她反而更红了。改变之后的艾利要出新的专辑《愤怒》了，粉丝纷纷模仿她的新造型。而艾利也没有了从前的迷茫和痛苦，她表现出了毫无波澜的平静："接下来我应该换哪一张脸呢？"

　　影片很短，却发人深省。艾利这张陶瓷娃娃的脸就是"别人眼中的美好"，但是这样的美好只是一个剥离了真实自我之后，留下的刻意营造出来的假象。最初的艾利是按照别人眼中的样子来生活的，无论何时何地，他都要把真正的自己隐藏在面具之后。但是面具戴的时间越久，就越离不开它，面具之后真正的自己只能每时每刻都处在痛苦的挣扎中。

　　艾利潜意识里认为真实的自己并不受人喜欢，所以她的行为举止才会越来越趋向于她给自己设定的虚假表象。这样的行为就好像会上瘾一样，明知道前面是万丈深渊，她依然会微笑着走过去。整日里微笑，看似乐观豁达的艾利，实际上却承受着常人难以想象的悲伤和痛苦，在她微笑着说"我很好"的时候，内心却在哭泣地喊着"救救我"。

　　微笑抑郁症患者的微笑为自己赢得了别人的喜爱，同时也将自己变得伤痕累累。在他们的世界中，一切都失去了色彩，变得灰蒙蒙的。他们对所有的事情都提不起太大的兴趣，反应会变得迟钝，行为越来越迟缓，有时候还会失眠，在辗转反侧的时候一遍遍地回想白天所发生的不愉快或让自己感到后悔的事情。所有的一切都仿佛一座大山，压得他们喘不上气来。

　　其实，我们生活在这个社会，有时候不可避免地需要戴上面具来掩饰自己，将真实的自我藏起来。这是人之常情，但没必要太过勉强自己，要知道，微笑并不是万能的。

消失在微笑中的生命——微笑抑郁症

"在我的微笑之下是争斗，在我的光明之下是黑暗。"这句话出自一个微笑抑郁症患者之口。微笑抑郁症患者有可能是在人前熟练地说着搞笑段子的人，也有可能是朋友圈中最喜欢逗乐的那个人。他们在人前谈笑风生，但是回到家，四下无人时就再也笑不出来了。这些在生活中让我们开怀大笑的人，内心或许饱受煎熬，非常痛苦。但正因为他们在人前表现得非常自信乐观，所以我们很难发现他们患有抑郁症，甚至他们自己都很难发现。

莫妮卡有一个认识了多年的朋友克莉斯多，她是一个非常活泼爱笑的姑娘。两个人十分要好，虽然大学的时候去了不同的城市，不过距离并没有让她们的关系变疏远，反而更加亲近了。

这天，莫妮卡接到了克莉斯多母亲的电话，得知前一天夜里十二点，克莉斯多在学校里自杀了，她从学校最高的楼上跳下，当场死亡。莫妮卡拿着手机愣在了原地，她不敢相信这是真的，要知道就在克莉斯多自杀的前一个小时，两人还在网上讨论了刚刚看完的电视剧。她不停地回忆，想要从中寻找出克莉斯多自杀的理由，她不相信这样一个开朗活泼的姑娘会突然这样结束生命。

克莉斯多之所以会走上极端，就是微笑抑郁症在作祟。

有人说："爱笑的人运气不会太差。"于是很多人便会下意识地微笑，如果运气真的慢慢变好了，那么微笑就可能会成为他们的标志性表情。

微笑，有时候是人与人之间正常交往的最基本形式，有时候是因为工作的需要，有时候是为了掩饰尴尬和真正的情绪，有时候是代替哭泣来缓解自身的伤痛。

如果一个人习惯了因为负面原因去微笑的话，很可能会出现很多可怕的结果。人的负面情绪并不是掩藏起来就能够消失的，如果不及时排解，日积月累，总有一天会爆发。

英国诺丁汉郡有一个16岁女孩名叫麦茜，她是个开朗活泼的姑娘。麦茜成绩优异，开朗活泼，脸上永远挂着笑容，十分可爱。

这天早晨，麦茜像以往一样，一边吃饭一边看母亲收拾上班要带的东西。母亲出门的时候，麦茜还冲着母亲喊了一句"再见"。下午，麦茜独自出门，却一直未归，于是她的家人报了警。

第二天凌晨，麦茜的尸体被警察发现，就在离她家不远处的一片树林里。警方经过一番调查以后，发现麦茜生前患有抑郁症，这正是她自杀的原因。

对于这个调查结论，麦茜的家人和朋友一时间都接受不了。这样一个开朗乐观的人，怎么会患有抑郁症呢？要知道，在悲剧发生前，麦茜还曾跟家人讨论夏天去希腊旅游的计划，家人还给麦茜买了新的墨镜，一家人讨论得非常开心，没有人觉得她有不对劲的地方。

"自从我学会了微笑，我的心情和我的表情就再也没有任何关系了。"一位微笑抑郁症患者这样说道。这就是微笑抑郁症的可怕之处。

因为抑郁症而放弃自己生命的人有很多，其中有很多名人。

曾获奥斯卡金像奖的罗宾·威廉姆斯，因为抑郁症在家中自杀。他的作品有《勇敢者游戏》《博物馆奇妙夜》《死亡诗社》等等，他治愈了无数人的心灵，唯独没有治愈自己。

韩国演员崔真实和崔真英姐弟俩，因为各方面的压力太大，患上了严重的抑郁症，先后走上了极端的道路，结束了自己的生命。

看过他们作品的人都会发现，他们的笑容非常温暖治愈，但是谁又会想到他们微笑的背后，是对生命的绝望呢？

这些事业有成的人所面对的压力远比我们想象得多，但因为是公众人物，无论悲伤还是愤怒，他们都要用微笑来掩饰，长此以往，必然会让内心走向崩溃。

如果想要在这个社会生存下去，就得接触形形色色的人，我们不得不屈从于工作、修养、面子……于是我们学会了伪装、学会了表演，只是演着演着就分不清哪一个才是真实的自己了。

迪克遇到了一件令他十分气愤的事情——他放在实验室的一些重要东西被师弟当成垃圾扔掉了。最令他生气的是，师弟只是想用外面的盒子，就扔了里面放的那些很有纪念意义的明信片和书籍。一般人看到这些东西至少会先问一下物品的主人还需不需要，可是他的师弟却自作主张扔掉了。

扔掉的东西都找不回来了，这让迪克的愤怒到了顶点。他忍无可忍地冲着师弟发火，但是当四周的人注意到这边的时候，他居然还能忍住愤怒情绪对周围的人微笑。这次让迪克无法忍受的愤怒只持续了很短的一段时间，最后获得胜利的还是他那理智的微笑。

迪克表面看起来笑得开心，其实那个愤怒的、真实的自己正躲在黑暗的角落里苦苦挣扎。这种微笑不是他内心的真实感受，而是可以伪装自己的完美面具。

从情绪管理的角度上来看，用微笑来隐藏自己的真情实感，其实是一种通过抑制自己的表达来进行防御的情绪管理方式，而这种方式对人是非常有害的。无法宣泄的情绪郁积于心，久而久之，人就会处于一种低落的情绪之中，对身边的事情和人失去兴趣，每天都很疲惫，有时候还会失眠，会觉得自己生活在这个社会上毫无价值，于是就产生了厌世的情绪，进而诱发自杀倾向。

斯坦福大学的詹姆斯教授做过一个有趣的实验，这个实验证明，不良的情绪更容易影响那些抑制自己表达的人。

在这个实验里，詹姆斯教授将被实验者分成两组，并让他们观看同一部电影，他要求其中一组在观看电影的时候隐藏自己的情绪。实验结果显示，这部分人虽然隐藏了自己面部的表情，但是他们所接受的负面情绪非但没有减少，反而增加了。他还发现，如果长期采用这种方式来控制情绪，人会感受到更多焦虑的情绪，抑郁症的症状也会加重，对于一些积极的事情也很难再做出情绪和行为上的回应。

微笑是最美的语言，但是微笑并不是能够解决一切问题的万能钥匙。面对真实的自己，及时调整自己的心态和思维方式，方是处世之道。人生的路还很长，还有许许多多美好的事情等着我们去看、去体会，还有许许多多的美食等着我们去品尝，还是努力好好地活着吧！

走近那些为了认识快乐而了解悲伤的喜剧大师

曾经有人问美国喜剧大师金·凯瑞的喜剧天赋是从哪得来的，金凯瑞回答："来自绝望。"喜剧大师们给观众带来了欢声笑语，但是自身却往往饱受折磨，这似乎已经成了一个无法摆脱的梦魇。

世界三大喜剧演员之一的查尔斯·斯宾塞·卓别林，以其非凡的喜剧才华，在无声电影时期给无数人带去了欢乐与希望，但是他的一生却被抑郁症困扰着。他说过："世界就如同一个巨大的马戏团，它让你感到兴奋，却让我感到惶恐。因为我知道，在散场之后，剩下的只是有限的温存和无限的心酸。"

卓别林很小的时候，父亲和母亲便离异分居了，年幼的他被送进了贫童习艺所。后来，他的父亲因为长期酗酒而去世，他的母亲则患上了精神病。

精神失常的母亲时常令卓别林牵肠挂肚。而这时候，卓别林的初恋情人又离开了他。双重的压力让卓别林的抑郁情绪越来越严重。1928年，卓别林与丽泰·格雷离婚，这场失败的婚姻在当时引起轩然大波，甚至还引发了一场反对卓别林的运动。这所有的一切，都在卓别林的内心留下了沉重的阴影，让他的生活充满了压力，他的抑郁症开始愈发严重。

卓别林问心理医生："你能治好我的抑郁症吗？我最近一直生活得很不高兴，这非常痛苦。"心理医生对他说："最近城里有一个特别幽默的小丑，你为什么不去看小丑的演出呢？看过他演出的人都过得特别开心，我保证你看完之后也会开怀大笑的。"卓别林无奈地说："但是，医生，我就是那个特别幽默的小丑。"

幽默的人大多不善于纾解自己的负面情绪，长此以往，负面情绪会越积越多，从而引发抑郁。对于幽默的人来讲，他们不知道应该如何正确地表达悲伤，只能表现出自己幽默的一面，用笑话来掩盖真实的自己。卓别林一生都对自己的初恋情人念念不忘，他的很多电影都是以他的初恋情人为原型创作的。但是初恋情人去世的时候，卓别林却没有哭泣，他只是对自己说："微笑吧。"

英国著名的喜剧演员憨豆先生罗温·艾金森，也曾患有严重的抑郁症。

艾金森毕业于牛津大学，是机电工程学博士，当演员不过是机缘巧合。他本人并不像镜头前那样诙谐搞笑，反而十分严肃，他称自己是一个安静乏味的人。艾金森在面对采访的时候是凝重的，但是开始拍戏的时候，他就仿佛变了一个人。艾金森曾经说过："拍喜剧给我的压力很大，因为我是个完美主义者，它像是一种病。"也正是因为这样，他一度处于情绪低落和抑郁的状态。

艾金森的影片《憨豆特工》在公映之后惨遭媒体和影评家的批评。影片中，艾金森扮演了一个英国的秘密特工，他在调查女王皇冠被盗案的过程中出尽了洋相，却总是可以逢凶化吉，最终完成了任务。影片上映之后，媒体和影评家批评艾金森的表演"粗俗不堪，哗众取宠"，这让艾金森"很受伤"。

最终艾金森积郁成疾，患上了抑郁症，不得不在美国亚利桑那州图森市的科腾伍德诊所接受了五周的心理治疗。这个诊所是一家专门为名人进行心理治疗的诊所，治疗费非常昂贵，每周3500英镑。48岁的艾金森住在一间陈设十分简单的屋子里，他有时候会去厨房帮忙，有时候也会帮助其他的病人。

他说："影评人说影片拍得不好，我很容易就抑郁了，还得花好些钱找心理医生诉苦，这才能缓过来。"他还对妻子说："我需要一些时间来自我调节，连金钱也不能让我快乐。"

在一段采访中，主持人问艾金森最喜欢憨豆的哪个表情，艾金森回答说是憨豆感到有什么东西失去时的表情，"我能感觉到他的孤独。"

好莱坞喜剧天王金·凯瑞主演的《楚门的世界》《变相怪杰》《冒牌天神》等电影逗乐了无数人，但是他所带来的欢声笑语只是给别人的。像大多数喜剧大师一样，金·凯瑞私下里也是一个严肃的人。

金·凯瑞也是一个抑郁症患者，长期难以摆脱的郁闷让他十分痛苦。他长期服用抗抑郁的药物，却并没有太大的效果。

金·凯瑞的童年十分不幸。他的父亲是一名萨克斯管演奏家，是家里唯一的经济支柱。天有不测风云，父亲在51岁的时候失业了，从中产阶级一下变得贫困潦倒，这让金·凯瑞十分愤怒，他觉得这个世界对他父亲不公平，他气愤地想打爆那些人的脑袋。

家里的经济状况每况愈下，全家人都开始出去找工作，15岁的金·凯瑞也不得不辍学赚钱养家。他的母亲身体不好，长期卧病在床，金·凯瑞为了让母亲感觉好一些，就在母亲的面前模仿螳螂的样子，还假装自己从墙上弹出去、从楼梯上摔下来等等，以此来逗乐母亲。

少年时代的焦虑和愤怒带给金·凯瑞源源不断的创作灵感，也造就了他出色的喜剧天赋。金·凯瑞说："无论人们做什么事情，都需要动机。而绝望则是学习或者是创作所必须具备的重要条件。在某些时候，如果你不曾经历过那些绝望，那么你也不会那么有趣。"

虽然金·凯瑞并没有提到自己是个完美主义者，但是他的表现却说明了他对自己的要求有多么严格。通过《雷蒙·斯尼奇的不幸历险》的拍摄就能够看出来，同样的一场戏，他连续用五种不同的方式进行了表演。

金·凯瑞在接受《60分》采访的时候这样形容自己的抑郁症："一个人的情绪应该是有高低起伏的，但是我情绪的高峰仿佛被削去、抹平了，感觉自己一直处在低落的绝望状态之中。而对于这样的绝望你是无能为力的，你在表面上看起来活得很好，你还可以冲所有的人微笑，可是你的内心却一直都处在绝望之中。"

他对于自己的抑郁症十分坦然，他说："现在就是全部，要活在当下、活在现在，要做真实的自己，像一个孩子一般享受现在。假如你并没有活在当下，那么你就会陷入对不确定的未来的期许当中无法自拔。"

为什么这些喜剧大师都会患上抑郁症呢？

除去遗传因素，这些患有抑郁症的喜剧大师们都或多或少有一段不幸的经历。而这些童年时期留下的创伤，成为影响他们日后性格与情绪的主要因素，也可能是造成抑郁症的重要原因。

喜剧演员这个职业，本身可能也带着某些会引起抑郁的因子。这几位喜剧大师都有着不同程度的完美主义者倾向，他们很可能会在自己表现不够完美的时候产生一些负面情绪。而且喜剧演员在表演的时候，基本都是需要装疯卖傻、哗众取宠的，这是一个降低自尊的过程，同样会让人感到烦闷。

喜剧往往都是以搞笑的形式向我们揭露一些残酷的社会现实，要知道，真相才是最容易引人发笑的。喜剧演员在寻找素材和表演的过程中，考虑得更加深刻，认识到的现实状况也比观众更加清楚，从而很容易对这个世界产生失望悲观的情绪。

或许是因为了解悲伤，所以才知道什么是真正的快乐吧。

有些给你鼓励的人，内心却无比黑暗

汉尼拔是托马斯·哈里斯的小说《沉默的羔羊》中的人物，他是一个外表永远都保持着优雅绅士的人，他拥有超高的智商、渊博的知识和过人的魅力。但是，在这个十分具有欺骗性的外表下，暗藏了一颗你永远都看不透也看不懂的心。他是一个优秀的心理医生，也是一个变态的食人魔。

你永远都不知道，他是不是在与你谈笑风生的同时，心里想着以何种方式吃掉你。也许上一秒你还沉浸在他的博学之中，下一秒你身体的一部分就已经被摆上了他的餐桌。

电影《少年汉尼拔》讲述了汉尼拔从一个天真可爱的少年一步步变成嗜血残忍的食人魔的故事。时间回到那个战火纷飞的年代，汉尼拔在这场战火中失去了父母。他带着3岁妹妹米莎躲进了房子里，没想到几个饥饿的士兵闯了进来，并且将米莎煮熟吃掉了，甚至还喂毫不知情的汉尼拔吃了几口。得知真相的汉尼拔拼死逃了出来，疲惫不堪的他倒在了雪地里，醒来之后就失去了这段记忆，直到长大后才重新将这段失落的记忆找回。

米莎死的时候，汉尼拔无能为力，这种痛苦是他无法承受的，他的内心渐渐被仇恨和恶意所浸染，心中的猛兽日益强壮。妹妹的死是他一生的梦魇，残酷的真相也使他拒绝了所有的救赎。

于是汉尼拔亲手斩断了自己所有的羁绊，向内心的仇恨屈服了，因为只有仇恨才能让他缓解这种痛苦。曾经那些温暖他内心的东西已经离他而去，他的内心如同被冻结的大海，再也没有波澜，剩下的只有那些疯狂的念头。因此，他想尽一切办法让自己变得强大，以便掌控自己的命运。他杀人吃人肉一方面是为了纪念米莎，一方面是想要通过这种方式折磨自己来赎罪。

美剧《汉尼拔》是以 FBI 特殊顾问威尔的视角来讲述的。威尔是一个罪犯侧写师，他有着非凡的想象力和共情能力，能够迅速地还原犯罪场景，并且将自己带入到罪犯的视角来看待这个过程。他是一个十分具有正义感的人，但是共情带来的犯罪真实感和他内心的正义感之间产生了激烈的冲突和矛盾，他在这两者之间苦苦挣扎，感到十分痛苦。威尔游走于现实和梦境之间，失控的时候甚至分不清什么是假象，什么是真实，这一切让他心力交瘁。

与此同时，汉尼拔因为其自身的学识而受到社会和学术界的尊敬，也受邀参与到案件的调查分析之中。于是威尔和汉尼拔迎来了他们之间的第一次合作。威尔十分欣赏汉尼拔，在他的眼中，汉尼拔是一个思维缜密、品味超群的心理医生，他气度非凡，是个十分有魅力的人。

镇上出现了一起连环案——好几名年纪相仿、长像相似的姑娘接连失踪或者被害。威尔凭借超强的洞察力捕捉到了凶手"猎鹿人"的影子，可是汉尼拔却不断进行阻挠。他就像是一个从容不迫的猎人，给威尔进行心理辅导，对他进行治疗，让威尔信任他，对他放松警惕甚至产生亲近的念头，致使威尔在治疗中渐渐迷失了自己。但是这些都无法掩饰汉尼拔猎人的身份，他的内心是扭曲的，充满了残忍和暴戾，他所做的这一切都只不过是在等待一个完美的时机。

梳得一丝不苟的头发，波澜不惊的眼神，整日西装革履，无不展现着汉尼拔的非凡魅力。已步入中年的他更像是一朵妖艳的罂粟花，肆无忌惮地绽放着，鲜血的滋养让他愈发艳丽。

看似头脑清醒的汉尼拔，实际上早已经迷失了自我。他有着近乎完美的躯壳，可灵魂却早已撕裂，他以一种高高在上的姿态冷冷地俯瞰着这个世界。在汉尼拔眼里，自己永远都高人一等，他有权利决定人们的生死，而这些人和牲畜没有区别，所以他可以毫无顾忌地吃掉受害者身体的一部分。

对于汉尼拔来说，威尔也是个特殊的存在，他说："我相信我们的星象有一部分是相同的，你闯入了我思维殿堂的前庭，顺着走廊跌跌撞撞地找寻着我的最初。"威尔是点亮汉尼拔生命的一道光，是汉尼拔生命中最重要的人。威尔所具有的那种美好正是汉尼拔所向往的，但他却永远都无法得到的。

汉尼拔对威尔进行心理辅导的同时，也容忍了威尔一切的无礼行为。只要威尔愿意，可以随时找汉尼拔咨询、随时取消预约，他可以做出任何出格的举动，甚至还可以居高临下地同汉尼拔说话。要知道，汉尼拔厌恶一切无礼的言行举止，曾经有个医生说了一句无礼的话，汉尼拔就把他做成了餐桌上的美食。

但是在自己的秘密即将被发现的时候，汉尼拔毫不犹豫地制造了威尔杀人的假象，以致威尔被捕入狱。真正的事实只有威尔和汉尼拔知道，可惜所有人都不信任威尔，并认定他是凶手，甚至他最信任的人都在一步步离他远去。到了最后，他所能相信的人居然只剩下了汉尼拔，而汉尼拔此时也对他伸出了援手，亲自出庭作证。

汉尼拔的思维似乎已经不在常人的思维范畴之内，他仿佛可以将自己割裂成黑白两个不同世界的人：一个沉着优雅，风度翩翩；一个阴冷嗜血，残忍无情。他在毫无防备的人面前表现得非常正常，甚至体贴入微；可是当实施犯罪之时，却又会认真谨慎地筹划每一个细节，冷静且残酷。

威尔知道自己无法抓住汉尼拔的把柄，只能再次在汉尼拔那里进行心理治疗，以便搜集证据。为了接近汉尼拔，威尔开始杀人，并利用所有他能够利用的人和事。他越陷越深，而汉尼拔也在慢慢引导着他，让他蜕变成自己的同类。可是最终威尔还是背叛了汉尼拔，他终究是一个正义善良的人。面对背叛，汉尼拔冷静地说："你认为，你可以像我改变你那样，来改变我吗？"即使是满身鲜血，也依然不能改变他的优雅和风度。

也许汉尼拔需要的只是一个观众，威尔于他就像是一只试验用的小白鼠，他做的这一切，无论是帮助还是伤害，都只是为了观察威尔的反应而已。这似乎只是一场有趣的游戏，但是从中却能够看出汉尼拔内心深处那一丝对于光明的渴望。童年时期的创伤，导致汉尼拔成为一个多情而又冷酷的人。微微翘起的嘴角、优雅的谈吐，他是最优雅尊贵的绅士。不过，他那隐藏在黑暗之中的手里，却握着一把锋利的刀。

Chapter 10

善恶之间隔着人性，
梦中人其实是你自己的影子
——影子心理分析

每个人的内心深处都可能会有一个影子人格，虽然平日不会轻易显现出来，却更加贴近人最为真实的那一面。

　　当一个人在强调"安静、理性"的时候，他很可能会将自身那部分"活泼、感性"的人格压抑在内心深处，从而变成影子人格。人们遇到与自己的影子人格相类似的人，就会生出喜欢、亲近的感觉，因为他身上所表现出来的，正是自己被压抑的或所缺少的那一部分。

　　在日常生活中，我们经常会看到一个热情开朗的人和一个羞涩内敛的人成了好朋友，一个身材魁梧的男生交了一个小巧玲珑的女朋友等等。好像那个跟自己看起来完全不同的人对自己有着别样的吸引力，不管是朋友之间，还是恋人之间，都是如此。当两个性格迥然不同的人相遇时，彼此之间都会充满新鲜感和愉悦感，这就会激发出对方隐藏在潜意识中的影子人格。

自恋型人格：我就是世界中心

自恋，是指一个人爱自己的能力和程度，也用来形容一个人对自己过分自信而自我陶醉的习惯或者行为。

杰森能够说一口流利的中文，但是对于中国的饮食方式，他表示无法接受。也许在一般人眼里，这是杰森的洁癖在作祟，但事实却并非如此。在餐桌上，他有一片不容侵犯的领地，并且非常在乎自己的刀叉。

每天出门之前，杰森都会耐心地搭配衣服，他还会定期保养皮肤。同时，他对自己的口腔清洁也十分在意，在他看来，这样做也是对其他人的一种尊重。

杰森很少乘坐公交或者是地铁这样的公共交通工具，因为他不喜欢陌生人的触碰，哪怕是不经意的也不行，所以他雇了一个专人司机。"关上车门会让我有种脱离了这个世界的感觉，"他说，"温度、气息都是我自己的，与其他人没有关系。"

一个自闭的人如果同时还很自恋，那么这个人的行为会比一般自恋的人更为激烈，有时候还会显得有些病态。自闭的人会拒绝同其他人交往，这时候自恋就会变成他们的本能，因为只有沉浸在自己的世界之中，他们才能够最大程度上满足自己的自尊心。

自恋的人通常会无视自身的缺点，也看不到其他人的优点，他们沉浸在自己的世界里，习惯用自己的优点与别人的缺点比较。这类人通常我行我素，不会让别人成为自己的偶像，也不会去模仿任何人，就算是模仿，也会把这种模仿转化为对自己有价值的一种新的形式。在他们心里，偶像就是自己。

其实，普通程度的自恋是正常健康的心理。但是过度、极端的自恋，就是一种病态心理了，严重的话可能会引起精神分裂。

说起自恋，首先带给人的感觉就是自我、自满、傲慢。如果是用在社会团体上，通常是代表对他人的冷漠和不闻不问。

马特站在镜子前，看着镜子中自己的脸，自言自语道："我越来越像明星了。"

其实马特并不是通常意义上那些自恋的人，他并不太注意自己的形象，也不太在意别人用什么样的眼光来看待他。他的穿着打扮很古怪：高领毛衣、老式大衣、梳得一丝不苟的大背头、大大的登山包。奇怪的是，这样的打扮在他身上居然有种异样的和谐。

马特经常会在半夜爬起来看自己的照片，有时候还会看有自己身影出现的视频。他的家人对此非常不理解，并试图制止他的这种行为，不过马特不为所动，还是我行我素。马特不断地自我认可着，似乎他就是被全世界瞩目的焦点。

男性的自恋通常是自我认可程度的极端高涨，而女性的自恋则与男性的自恋有着很大的不同，就拿外貌来说，男性通常是因为自恋所以觉得自己风流倜傥，而女性大多是由于天生丽质而产生自恋心理。

马特不仅仅是迷恋自己，还有其他的表现，比如说过度看重自己、无视他人的意见、缺乏对其他人的同情心等等。他还很关心别人的议论，如果是对他的赞美，马特就会沾沾自喜；如果是对他的谴责，他就会怒上心头。他非常嫉妒那些比自己有才能的人，还会抱着"我不好，也不会让你好"的心思，在暗地里搞些小动作。马特做事的时候，很少能将心比心地考虑他人的感受，也不会设身处地去理解别人。在他看来，只有他才是世界上最特别的人，他在这个世界上就应该享有特权。

如果对这些自恋的人进行深入的研究，就会发现潜藏在他们内心深处的那些自卑和自责。他们表面上看起来超凡脱俗，一副对什么都不在乎的样子，实际上却非常在意别人对他们的看法。他们用自恋筑成的这道用来自我防御的围墙，远远没有他们想象的那般牢固。

正因为如此，过度自恋的人很容易就会被各种负面情绪所困扰，他们常常会感到烦恼和抑郁，还会出现头疼、失眠等症状。当自恋的人出现这种负面情绪的时候，思维就会变得狭隘，这样一来就会加速负面情绪的增长。要知道，人的负面情绪越严重，思维就越容易被情绪所左右，当思维被卷入不良情绪的旋涡之后，就很容易促使人做出一些失去理智的行为。

那么，自恋型人格是怎样形成的呢？经典精神分析理论认为，这是由于人们将自身本能的心理力量留在了自己的内心深处，而不是将其投注到外界的某一个客体上。

现代理论认为，以自我为客体是自恋型人格的特点。这种现象大多是早年的经历留下的创伤所致，比如父母离异、父母不和或者是父母对待自己的态度太过粗暴、父母对自己太过溺爱等等。这种童年时期留下的创伤，使得他们认为任何人只有爱自己才是最正确、最安全的。

自体心理学创始人科胡特认为，每一个婴儿都有着高傲自大和夸大的倾向。婴儿只要稍微有一点不满意就会哇哇大哭，因为在他心里，他就是这个世界的中心。当父母满足他的要求时，他就会感到非常快乐；如果要求没有得到满足，他就会因为自己无所不能的感觉受到了威胁感到十分的愤怒。

其实，在养育婴儿的过程中，这种要求没有得到满足的情况是非常普遍的。假如婴儿的要求长期得不到满足，一直无法与其自身的期待相匹配，那么婴儿的大脑很可能会以自体幻想性循环回路来代替正常的养育被养育的循环回路，以此来补偿自身的需求。这样往往会使得他过分自恋，而这种自恋的程度也会远远超出普通人所能接受的范围。

如果养育婴儿的父母经常存在情绪上的问题，就会在不经意间把自恋失败的暴怒表现出来。在他们与婴儿进行互动的时候，这种情绪会被婴儿接收到，从而影响婴儿日后判断人际关系的标准。英国精神分析学家温尼科特做过这样一个实验：让一个脸色阴郁的母亲和一个快乐的婴儿待在一起一个多小时，结果，原本快乐的婴儿也变得和母亲一样脸色阴郁了。这就是科胡特提到的转变的内化作用。

以自我为中心是自恋人的主要特征，婴儿时期是人生当中最以自我为中心的阶段，因此我们可以看出，有着自恋型人格的人，他们的行为实际上等于退化到了婴儿时期。朱迪斯·维尔斯特在《必要的丧失》中写道："一个迷恋摇篮的人不愿意丧失童年，也就无法适应成年人的世界。"

自恋型人格障碍是从童年开始并且一直持续到现在的，不是暂时发生的短期行为。比如一个人因为某件事情的成功，而在一段时间内变得傲慢自大了，这就是暂时发生的自恋，尽管与自恋型人格障碍有相似之处，但是并不能一概而论。

你的影子心理就是另一半的标准模样

据说有着相同相似气场的人，会更容易相互吸引。但是，每个人的口味和喜好并不相同，男女之间相互吸引的原因，其实有很多种。

有才能的人比较讨人喜欢，比如会弹吉他唱歌的人、会玩滑板的人，他们总是能吸引大家的目光。拥有特殊才能，不仅可以养家糊口，还可以吸引大众的目光，比如那些歌星和影星。

好的外貌会给人留下一个好的印象。无论男女，高颜值的人总是会让人们觉得他们在其他地方也很优秀。但外貌是天生的，除非整容否则无法改变，可是才能却可以后天习得，只要努力就会有收获。

人品和性格是聚集吸引力的必备条件，一个真诚、善良、体贴、幽默、忠诚的人，必然能够获得人们的喜爱。

熟悉也是一个非常重要的因素。长期接触，会让男女双方对彼此的了解不断地深入，对彼此的好感也会逐渐增加，双方的感情就能渐渐地加深，这就是我们常说的"日久生情"。如果空间距离近的话，就有更多的机会接触，感情的发展自然而然就会更顺利。

人们往往会喜欢那些与自己相似的人。相似包含许多方面，比如兴趣爱好、社会地位、信念理想等等。所以男女在恋爱或者是结婚的时候，都倾向于寻求三观一致的人。

人是一种社会性动物，需要一定的归属感，这种归属不只体现在空间上，也体现在心灵上。物以类聚，人以群分，人在选择自己的人生伴侣时，往往都会选择那些与自己在智力、外貌上匹配的人。

正是这样的相似性使得人们产生了满足感。在你发现有一个人有着和你一样的想法、一样的价值观、一样的理想的时候，或是同样的兴趣爱好、同样的饮食习惯的时候，你会非常容易对他产生好感，也会更加喜欢他。一致的态度能够帮助人们维持并且促进彼此之间的亲密关系。事实表明，在婚姻生活中，态度一致的夫妻会生活得更加融洽，也会感到更加幸福。

这些都是恋人之间相互吸引的原因。在彼此相爱的两个人之间，可能会发生争吵，但这并不影响彼此间的浓烈爱意。恋人彼此相爱，更像是在追寻完整的自我，心理专家称这种心理为影子心理。

当男女之间的某些特质可以互补的时候，也能够提升好感、加深感情。可以说我们每个人的身上都具有显性人格和隐性人格，隐性人格也被称作影子人格。简单来说，除了那个表现在外的显性人格，我们都有一个与显性人格相反的影子人格潜伏在内心深处。比如说，一个平日里非常安静的人，实际上内心躁动不安；而一个平日里活泼开朗的人，内心实际上潜藏着黑暗抑郁的一面。

从心理学角度来讲，一个有着分析型人格的人，他的影子人格就是感觉型。重视逻辑思考和客观评断是分析型人格的特点，在拥有分析型人格的人夸大和表现自身"理性"的时候，就会不自觉地将自己感性的部分压制下去，使它隐藏到自己潜意识的深处，从而变成了隐性的影子人格。

所以，当一个人恰好遇到了有着与自己影子人格相同的显性人格的异性时，心中就会无比的欢喜雀跃，因为对方显示出了自己所没有或者是被压抑了的人格特质。就像一个安静沉默的人碰到开朗活泼的人，他的影子人格便受到了召唤，仿佛拨开了常年笼罩的乌云，见到了久违的阳光，从此变得十分愉快，受到禁锢的内心也由此得以释放，重新获得自由。因此，一些性格互补的人，往往也会互相吸引。

人们常说"异性相吸"，其实这就是显性人格与影子人格互补整合的过程。在这之后，会慢慢出现一个比较成熟完整的人格。

不过，这个结合的过程往往会令两个相爱的人产生痛苦。在整合的过程中，对方那些曾经最吸引自己的特质，会逐渐演变成让自己最难以忍受的地方。处在热恋阶段的时候，你或许会觉得你遇到了世界上最完美的人；可是等到了磨合阶段，随着彼此了解的不断深入，对方的各项缺点也逐渐显露出来，于是你开始不满、开始抱怨。如果曾经的你爱上的是他的温柔体贴，那么现在的你可能会抱怨他"婆婆妈妈"、"没有男子气概"；如果曾经的你爱上的是她的活泼可爱，那么现在的你可能会嫌弃她"无理取闹"、"幼稚"。

在磨合阶段，双方都想着将对方变成自己想要的那个样子，但事实并没有那么容易，于是便会陷入痛苦、挣扎。有太多的人走不过这段磨合时期，爱的激情被耗尽后，最终只落得劳燕分飞。

既然恋人之间是相互吸引的，那如何能让恋人之间的感情道路更加顺畅呢？

不妨放下改变对方的想法，尝试用自己对对方的爱来主动改变自己。不要只想自己的利益，要懂得顾忌对方的感受，多考虑对方的想法和意见，做到相互尊重。同时，在任何时候都要及时沟通，用宽容的心去接纳对方。这样两个人才能安然度过磨合期，变得越来越默契。

自己永远是最精湛的伪装者，

你有多久没有认识真实的自己了？

心理学中有一个有趣的观点：如果你发现自己很讨厌某个人，那是因为你在这个人的身上看到了自己的影子。这一观点经常被提起，而且常常得到证实。这就是说，如果一个人在某个方面有所欠缺，当他遇见同样在这方面有所欠缺的人时，就有可能被戳到痛处，产生一种"恨铁不成钢"的感觉，于是非但不会对这个人"同病相怜"，反而会对这个人感到十分厌恶。不过，一般而言，人们并不会意识到自己是因为这样的原因而讨厌一个人的。

人最爱的是自己，最讨厌的恰恰也是自己。

大多数人都会觉得照片里的自己不够好看，他们总会在拍照的时候选择特殊的角度，然后再对照片进行美化。心理学研究发现，在照镜子的时候，人的大脑会自动进行脑补，所以人们在镜子中看到的并不是自己真实的长相。镜中的影像要比自己真实的长相好看大约10%~30%，这也是很多人觉得自己的照片跟自己不太相像的原因。

不管是照镜子还是美化照片，都说明人们最不想去面对的就是真实的自己。其实这也是人之常情，毕竟人们眼中所看到的都是自身以外的世界。对别人，脑海里都有具体的影像，但对自己，却只有一种模糊的"概念"。正是因为这样，才给了我们更多对自己进行想象和加工的空间。

其实不仅外貌，人们对自己的人格形象，也会胡乱地添加一些根本不存在的优良品质，比如可爱、大度、善良、正直、善解人意等等。比起外貌上那些实在无法自欺欺人的缺点，在人品才干方面进行自我加工就容易多了，人们大多都会认为自己属于很优秀的人。

于是就出现了很多有意思的心理欺骗语言：长得矮的人会嘲笑长得又高又瘦的人"像竹竿"，胖的人会嘲笑瘦的人"营养不良"，胸部平坦的人会嘲笑胸部丰满的人"胸大无脑"，身体瘦弱的人会嘲笑身体强壮的人"头脑简单、四肢发达"。不仅如此，人们总是喜欢以最大的恶意去揣测那些比自己优秀的人，认为他们的获得成就的渠道没有那么"正大光明"；总是习惯性地认为那些富人的财产都是通过"压榨劳动人民得来的"，并且认为对方是"为人可耻、不择手段"的；有贪官被抓的时候，很多人都会对此进行一番义正严辞的评论，并获得一种道德上的优越感。

人们对于自欺欺人早已习以为常，而这正是人们缺乏自视的机会所造成的。因为人与生俱来就存在自私性，所以人最爱的就是自己，但是这个自己是被加工和包装之后的"完美自我"，而不是那个真实的自己。

对大部分人而言，真实的自己是难以接受的。无论是没有经过美化修饰的照片，还是被记录下来的言行举止，都不是人们愿意去面对的。有心理学家进行过这样一个实验：用摄像机记录下一个人在一天里的生活表现，这个人对此一无所知。等把录像播放给被实验者看的时候，被实验者没看多久就看不下去了，他实在无法直视自己真实的表现和状态。如果此时问他最讨厌的人是谁，他绝对会说是影片中的自己。

当然，如果说人们完全意识不到自己的缺点，显然是不可能的。试想一下，假设有另外一个自己跟你共同生活，两人的兴趣爱好、想法习惯都完全相同，而且两人心意相通，一方有什么想法，另一方马上就会知道，无法用任何借口来掩饰。不仅如此，对方还有着与自己一样的生活方式、一样的优缺点，那么，你能忍多久呢？

调查结果显示,大多数人面对这样一个"克隆"的自己,都无法长时间忍耐。这也就说明,我们对于自身的弱点和缺点,还有行为举止上的问题,是心知肚明的。但是绝大多数人在面对的时候,都会选择像鸵鸟将头埋在沙子里躲避危险那样来欺骗自己、逃避现实。对于自身的缺点,人们通常会选择竭力否认,避无可避的时候便会找理由来说服自己。但是摄像机记录下来的真实的自己让这些自欺欺人的理由失去了作用,使得人们无地自容,并变得惊慌失措。

人们常常能够通过自己竭力维持的完美形象来获得外界对自身的肯定和正面评价,以此来得到自我存在的价值感。但是这个完美形象是夸大且不真实的,是脆弱不堪的,就如同建立在沙滩上的高楼一样,一旦外界对它产生冲击,就会摇摇欲坠,而人们平日的大部分痛苦都与之有着或多或少的联系。

对于别人对自己的否定,人们往往是难以忍受的。别人对自己的言行进行揭露或者打击时,大多数人会感到怒不可遏,认为自己受到了冒犯和伤害,这种伤害带来的影响会伴随我们一生,无论在生活上还是工作上都会有所体现。

那些有着各种恶习的人每天都处在悔恨和痛苦中,为了防止自己再次犯下错误,就通过自残的方式来警告自己。有时候这会给人一种他们已经认清了自己本来面目的错觉,事实却恰恰相反,他们其实根本就没有勇气面对真正的自己。

对于这些深陷各种恶习的人,任何心理救助和生理治疗都无济于事。但是,一旦他们能够勇敢地面对真实的自己,意识到自身思维的缺陷时,他们就可以立即获得被治愈的力量,即使他们拥有毁灭型人格,也能从恶习的泥潭中脱身出来。这些重获新生的人在性格方面都会有很大的转变,他们对人生的信仰和追求,以及自身的意识境界,都会有一个质的飞越和显著的提升。那些从前自以为是、暴躁易怒、缺乏耐心、自艾自怜的人,往往会开始变得温柔体贴、亲切和蔼、宽容大度。

如若想要从根本上改变自己的命运，在思想上获得质的飞越，从长久的痛苦中挣脱出来，就需要勇敢地面对真实的自己，并且认清自身的缺点和不完美之处。可惜的是，大部分人都很难做到这一点。

人都是有虚荣心的，想要改变自己也很难，能勇敢地去挑战"认知自我"的只有极少数。如果让你在独处时，把自己全部的缺点都写在一张纸上，不给自己找任何理由，不做任何的掩饰和隐瞒，还原那个最真实的你，并且在写完之后，把这张纸贴在你的床头。你会去做吗？你觉得这件事情容易做到吗？

事实上，绝大多数人都会拒绝，他们当中有很多人甚至连想的勇气都没有，更不用说去尝试了。少数的人想要尝试，但往往没写几笔就写不下去了，还会把这张纸撕得粉碎。能做到的只是极个别的人，他们非但没有因否定自己而让自我陷入到痛苦之中，反而因此认识到了自身的问题，获得了巨大的勇气和面对未来的信心。

看清自己的真面目吧，已经到了从虚假自我的麻醉中清醒过来的时候了。我们身上的不足就如同烈日之下的冰雪，终将会走向消亡。而我们要做的就是转过身来，勇敢地直面最真实的自己，勇敢地面对自己的缺点和不足。当我们能够认识并接受自己的时候，就会发现有一股神奇的力量从心中蓬勃而出，指引着我们走向前方那条洒满阳光的道路。从此，外界对我们的任何评价都无法伤害我们、困扰我们。

过度自恋：一把刺伤自己的利器

大卫是一个性格豪爽、十分自信的人，他所在的公司是家族企业，所以他习惯了颐指气使，从来都不接受别人的批评。不过优越的条件和良好的长相也的确是他的资本，但这并没有给他带来更多的快乐和幸福。

大卫的感情道路一直都不顺畅，这令他困惑不已。后来，他新交往了一个女朋友，姑娘长得很漂亮，大大的蓝眼睛、浅金色的头发，笑起来的时候显得非常温柔。两人算得上是男才女貌，而且双方的兴趣爱好也都差不多，所以最初两个人的感情一直都不错。

但是，在一次通宵看电影之后，两人的感情出现了裂痕。原来，在看了一晚电影以后，大卫觉得女朋友有口臭，这让他难以忍受，女朋友在他心里美好的形象瞬间就崩塌了。他突然觉得自己眼光很差，所以才会看上这样的姑娘。他我行我素惯了，什么事情都要按照自己的想法来，就因为这点小事儿，他跟女朋友吵了起来，两人之间的矛盾也因此迅速激化。

从这件事中能够看出，大卫有一种天生的优越感，自恋倾向非常明显。他只是想着从别人那里得到更多的东西，却从来都没有考虑过自己需要付出。大卫之所以会有自恋倾向，首先是他自身性格中所带的优越感，其次就是他所生活的环境。大卫的家境比较优越，从小习惯了被人追捧，而这种追捧所带来的后果就是让他变得越来越自恋。

在自恋的人看来，他们自身是完美的。他们习惯了人们的称赞，就算遭到人们的议论，也不会做出改变。他们时刻都在赞美自己，这已经成为了他们的一种本能，即使出现了问题，他们也会认为那都是别人的错，习惯性地从别人身上找缺点，并觉得完美的自己是不会出错的。

自恋的人往往没有让他们去努力实现的目标，即便是游手好闲也理直气壮，明明是不懂得如何在这个社会生存，却偏偏要说"我只做我自己"。

自恋的人内心会有一股优越感，认为别人都比不上自己，而且也忍受不了别人的缺点。在与人接触和交往的过程中，他们所想的都是自己如何厉害、如何值得被赞美，别人的一丁点缺点到了他们眼中则会被无限地放大。他们常常以自我为中心，从来都不会为别人着想，他们的目的只是向他人索取自认为有价值的东西。

自恋会带来很多问题。有很大一部分有自恋倾向的人患有人格失调症，他们在遇到问题的时候，从来都不会承担责任，并会想尽一切办法将责任推到别人身上或是其他原因上。而且自恋的人虚荣心也会比一般人强，他们会不自觉地把自己跟别人比较，以此来寻找优越感，强化自己的形象。他们看不清自己，常常盲目夸大自己的能力，自我膨胀的现象非常严重。他们的表现欲也很强，总是会想方设法表现自己，以此来博得外界对自己的认可。

　　自恋的人最爱的人是自己，他们不会去爱别人。关于自恋这个词，还有一个故事：

　　在古希腊神话中，有一个叫纳喀索斯的少年，他是一个美貌和骄傲都达到了极致的人。他拒绝了森林女神厄科的爱意，森林女神因此抑郁而死。纳喀索斯不仅对森林女神冷淡，对其他女神也是一样，他拒绝了所有女神的求爱。于是命运女神涅墨西斯对纳喀索斯做出了惩罚。

　　纳喀索斯以前从来都没有看到过自己的身影，所以他不知道自己有着非凡的容貌。有一天，纳喀索斯外出打猎，途经一潭清澈无波的湖水。天气很热，他正好觉得口渴，便去湖边取水。当他准备低头喝水的时候，无意间瞥到了湖面上倒映出来的影子，这个影子是多么的美丽！纳喀索斯以为那是水中女神在窥视他，心中十分喜悦，竟然爱上了自己在水中的倒影。他对这个影子爱慕不已，于是在湖边流连忘返。但他却无法触碰到那个影子，每次一碰到水面，影子就消失不见了。为此，纳喀索斯茶饭不思，最后抑郁而死。

　　从此，纳喀索斯这个名字就成了过度自恋的代名词。其实不只是纳喀索斯，森林女神厄科不也是个有着过度自恋性格的人吗？纳喀索斯是对自己的过度欣赏，厄科是受不了别人对自己的否定。后来的心理学家因此用自恋这个词来描述那些太过以自我为中心的人，或者是疯狂喜欢自己的人。

　　对于这种过度自恋的现象，卡伦·霍尼提出了"我生为优越者"这样一个"病态自负"的概念。有这种表现的人往往期待别人无条件地喜爱他却无法忍受别人的质疑。

在一片沼泽地中，最美丽的动物是河马，它的皮毛光滑而柔软、睫毛浓密而纤长，而且它的尾巴特别美丽，河马总是喜欢将自己的尾巴高高地耸立起来，在空中不断地摇晃。

河马每天都坐在河边摆弄它的尾巴，常常望着河面上自己的倒影感叹："我真的太漂亮了！"它不断地变换姿势，欣赏自己美丽的倒影，"谁像我一样拥有这么好的皮毛，这么美丽的尾巴呢？这个森林里最美的动物就是我啊！"

有一天，森林着火了，可怕的火苗到处乱窜，四周浓烟滚滚，所有的动物都向外逃窜，但是河马却还在欣赏它那美丽的倒影，根本没有注意到火焰已经烧到了它的身边。突然，一个火星落到了它那在空中摇摆的尾巴上，瞬间就点燃了尾巴上的皮毛。

河马大声尖叫："救命！"它拼命蹦跳着想要扑灭身上的火，可是火势却越来越大，顿时就蔓延到了它的全身，它只好跳到河里屏住呼吸。后来，大火终于熄灭，河马精疲力尽地从河里出来。

"我身上一定都是泥土，肯定糟糕透了。"它一边说着一边去看水面的倒影，却因此大为震惊：河马的皮毛已经烧没了，全身光秃秃的，还满身褶子，美丽的尾巴也不见了。于是它立马又跳回河里，只有晚上的时候，才会出来透透气。

爱美是人的天性，人人都向往美、追求美，但是过度自恋、过度重视自己的外表，也许就会落得跟河马一样的下场。

还有一些自恋的人，他们不爱别人，也不爱自己，他们的内心还十分自卑。出现这种情况有可能是因为在幼年时期受到了过度溺爱，或者是缺乏关爱。

有的时候，自恋会以一种让人无法理解的方式表现出来，而这种方式往往会让人觉得很难接受。比如自恋的人会对自己的健康过度关心，总认为自己得了一种任何医疗器械都无法探查的疾病。即使自己对这种想法持怀疑态度，也无法摆脱这种疑虑，导致自己每天都生活在心惊胆战中。

其实我们每个人都存在或多或少的自恋倾向，这是人性中广泛存在的正常现象。但是真正有自恋型人格的人并不多，自恋型人格的人自我意识太过强烈，从而忽视了自己的缺点和自身真正存在的问题。

自恋型人格产生的原因有很多种说法，有人认为是自恋的人对外界客体的关注求而不得，于是变得自恋；还有人认为，自恋的人是把别人当成了自己的一部分，所以在他们看来，别人为自己服务是理所当然的；也有人认为，非正常的家庭关系也是造成这种情况的原因，小时候的经历让他们缺乏安全感，他们觉得只有自己才不会抛弃自己，所以不爱别人只爱自己。

严重的自恋会导致自闭，想要解决这个心理问题，首先要做的就是坦然面对并且接受，同时找出问题的根源所在，这样才能对症下药，通过不断的学习学会给予，不断地进行自我反省和自我总结，不断地进行自我完善，学会更好地爱他人。

Chapter 11

老实人心里住着一尊佛，压着一个魔

——好人心理分析

生活中，好人存在的价值不言而喻，但是好人的心理特征和行为特征却并没有多少人关注。

　　好人能够被大家所喜爱、欢迎，是因为他们所做的事情是对大家有利的。讨厌好人无偿帮自己做事的人几乎是不存在的，而接受这种无偿帮助的人或多或少都带有一些自私的心理，有意无意地利用好人。也许好人并不计较这些问题，但是这样行事却未必有利于一个人日常生活中"善"的积累。一心当好人，通过做好事来博取别人的认同和赞美，这种心理状态一旦成为定势，就会演变成一种有害的心理疾病，即"好人综合征"。

　　人们一旦患上了好人综合征，幸福观就会变得扭曲，往往会不计代价地去做好事，只为了让别人接受自己，而这一切，都会严重影响到自己的事业或生活，还会让家人感到十分困扰。

为他人着想，为什么会让你感到心痛？

你是不是觉得如果有人不喜欢你，就会特别难受？

你会不会因为在意他人的眼光，而无法拒绝他们，即使你想说的是"不"？

你会不会为了附和他人的观点，而隐瞒自己的想法？

你是不是希望得到所有人的赞许？

如果你回答"是"的话，那么你一定常常被人评价"人真好"，并且极有可能患上了好人综合征。

"好人"指的是那些待人接物亲切、有求必应、一切从他人的角度出发，毫不利己、尽一切努力去帮助别人的人，他们以此为荣，我们一般称呼这样的人为"老好人"。当一个好人当然不是一件坏事，但凡事都是有限度的，如果过了这个界限，各式各样的问题就会接踵而至。

老好人有一个最大的特点，那就是脾气好、心软。他们待人总是特别和善，整天阳光满面，还特别好说话，无论面对什么请求，都习惯满口答应。老好人基本不会出现脾气暴躁的状态，他们喜欢随大流，习惯附和大家的言行。

老好人总是想让所有人都满意，并想得到所有人的赞扬，但这做起来相当难。凡是能建功立业的人，一定都有着自己的处事原则，一定都是爱憎分明的。而老好人为了不得罪人，遇事总是喜欢和稀泥，虽说两边都不得罪，但是两边也都不会感激他，到头来只会落一个"竹篮打水一场空"的结局。

不管是在生活当中，还是在工作当中，老好人总是忙碌的，因为许多人都会去找他帮忙。时间久了，大家也就习惯了，只要有事就会想到他，反正老好人是不会拒绝的。对于老好人而言，为了赢得他人的尊重，他们宁可自己吃亏。他们做事追求中庸，习惯顾全大局，只求自己所做的事情不出什么差错。

但是这样的生活也会让他们倍感压力，长此以往，容易影响到他们的身心健康，也会对正常生活造成很大的影响。

通常来说，老好人的性格都比较懦弱，由于他们缺乏胆量和勇气，所以在遇到事情的时候很难强硬起来，做事总是小心翼翼，生怕别人诟病，因此经常会吃亏，而且在重大事情或关键时刻往往都不能发挥带头作用。老好人总是不停地去帮助别人、不停地去忍受，却从来不求、也得不到任何的回报。他们没有死对头，但是也不会有极为要好的朋友。

艾布特的家里一直都很清贫，他们一家人都在努力工作，想要攒钱盖新房子。他的父亲是个老好人，对朋友、邻居都特别慷慨，只要朋友需要钱的时候跟他开口，他就会借，还说不还钱也没问题。家里好不容易攒起来的积蓄就这样渐渐见了底，最后甚至连艾布特上学的钱都没有了。最让人气愤的是，父亲有一个朋友是个赌徒，他借了钱还赌债后，又会继续赌博，这样的恶性循环慢慢把艾布特家给拖垮了。艾布特的母亲很生气，骂了艾布特的父亲一顿。父亲虽然也知道自己的行为很不妥，但每当朋友来借钱时，他总是没法拒绝，因为他怕朋友不高兴。

艾布特父亲的这种行为其实是损人不利己的，即使他知道自己的做法无法真正帮助朋友，但是依然控制不住自己。

牺牲自己的利益去帮助别人的行为是高尚的，但如果这种帮助变成了"迎合"，就会让人失去自我。老好人总是会为了迎合他人，不自觉地牺牲自己的利益。

差不多所有的好人都有类似的想法：假如我把自己的缺点藏起来，然后变成其他人期望的样子，就一定会被其他人肯定、赞扬，他们也会更加重视我、尊重我。如此一来，我的人生就有了意义，我的存在就有了价值，我也追求到了我想要得到的幸福。实际上，这样的幸福感只掌握在别人手里、取决于其他人对于老好人的看法，老好人无法左右它，所以老好人往往无法得到真正的幸福。

路易斯与自己的朋友、同事相处得很不错，他就是个老好人，不管是朋友还是同事，只要遇到了困难，一定会首先找他帮忙。比如同事周末要跟女朋友去爬山，想让路易斯替他上一天班，他肯定会笑眯眯地一口答应。

但是，路易斯其实是不开心的。他自己的工作也很繁重，答应了同事以后，就意味着自己没有了休息时间。但是他又不知道应该如何拒绝同事。于是路易斯把自己每天的日程写在一个本子上，并且下定决心要回绝此类请求，还在心里演练了很多遍。然而事与愿违，他的同事再来找他帮忙时，他依然会情不自禁地答应。

对此，路易斯非常苦恼，他不知道如何正确地拒绝别人，而他这样往往是照顾了别人的感受，却让自己疲惫不堪。他说："有一次周末，我想去公司加班，然而有一个同事让我帮他顶班。为了替他顶班，我不得不一大早起来，这比原来的加班时间提早了两个小时，天下着大雪，我只能打车去上班。有时候真的很生自己的气，也非常讨厌自己这种有求必应的毛病！可我就是控制不住自己的行为。"

老好人就是这样，在别人向自己请求帮助的时候，无论别人的要求是什么，总会情不自禁地一口答应，然而答应之后，才想起来自己还有很多事情要处理，也需要休息，自己并不是万能的。

其实，无法拒绝别人的请求，主要是因为心理因素，这是自我信心匮乏的表现。老好人总是会过于担心自己存在的价值，而这种担心和焦虑会给自己带来巨大的压力。所以，他们只能通过不断帮助别人的方式，从中得到别人对自己的肯定，如此才会感觉到自我存在的价值。

老好人常常会为了迎合他人的喜好而放弃自己的喜好和观点，也常常会牺牲自己的时间去帮助别人。这是一种给自己戴上面具的行为，这个他人所喜欢的自己其实并不是真实的自己。

不计代价地讨好别人，是一种疯狂的行为，牺牲自己的利益来讨好别人，不是体现人生价值的唯一方式，更不是最好的方式。

老好人的终极行事原则：得到所有人的赞赏

你是不是会因为别人的观点而轻易改变自己的立场？

你是不是会为了博得大家的赞扬而不自觉地改变自己？

你是不是会因为有人不同意你的观点就情绪低落、意志消沉？

如果一个人一心想要满足所有人的要求，便会在这个过程中逐渐失去自我，过分地讨好别人，最终会演变成一种心理疾病。

在好人综合征患者的认知里，只有不断地满足别人的要求才能得到别人的肯定。他们不擅长拒绝别人，即使对方的要求并不合理，也会硬着头皮答应下来。而这样的人际关系会给人带来很大的压力和疲惫感，虽然可以得到一些赞赏，但是却给自己的日常生活和工作带来了很大的负担。

好人综合征的表现有很多种，比如就算自己吃亏，也会尽力维护别人的利益；总会无条件答应别人的无礼要求，无论自己是否有能力做到；风雨无阻地帮别人跑腿、买饭；去餐馆吃饭，却迟迟没有上菜，即使自己已经饿得头晕眼花了，也因为怕太麻烦服务员而不敢叫他们等等。其实在做这些的时候，这些"好人"的内心并非是完全乐意的，也是有怨言的，只是不敢提出来。对于矛盾，他们总是避而不谈，不惜花费很多的时间和精力，只为不让别人失望。

贝拉一直都很苦恼，她每天下班之前都希望能马上回家，然后吃饭、看电视，好好放松一下。然而每天下班，她都会被同事拽着去聚餐、唱歌。她很想回家，但是每当她说出来，同事们都会笑道："你自己一个人待在家里有什么意思？走走走，一起唱歌去。"

久而久之，贝拉就不敢再说出自己的想法了，因为怕被同事们笑话。而且大家都去，自己不去的话也显得很不合群，于是，她只能强迫自己陪着同事们一起吃吃喝喝、玩玩闹闹。因为这样，贝拉越来越焦虑疲惫，也过得越来越不开心。她非常不喜欢这种无聊的应酬，但是又没有勇气向同事说"不"。

弗雷德初入职场，为了跟客户搞好关系，他总是会答应客户对他的要求，哪怕明知道那些要求是无理的。有一次，他跟朋友约好了晚上去聚餐，顺便看场电影。结果一位客户给他打电话，让他晚上帮忙写一份材料，明天早上交给自己。其实这个材料并不着急，弗雷德完全可以跟客户说推迟一天，但是他害怕客户不高兴，只能满口答应，然后熬夜写完了材料，搞得自己十分疲惫。

迎合他人的喜好，喜欢讨好别人，从本质上来讲，是自卑或是不自信的表现。因为不认可自身的价值，他们必须通过外界的力量来获得自我价值的认同感，所以好人综合征患者非常在意别人对他们的看法，如果发现有人不喜欢自己，就会十分苦恼，并且非常不安地思考那个人为何不喜欢自己。他人对自己的认同是他们最大的渴求，这种渴求已经到了一种让人觉得不可思议的程度。

如果这种寻求他人认同的方式成了下意识的一种行为习惯，就会严重影响到人的判断力和自我控制能力。他们总是不敢对外展示真实的自己，怕开口拒绝会影响到自己的人际关系。其实，这种类型的"好人"与传统意义上的好人存在着很大的区别，他们往往是因为害怕别人对自己不满或者是希望得到他人的赞扬，才做出这样的行为。

有人说自己总是会不自觉地去讨好那些轻视自己、对自己态度不好的人，为此非常嫌弃自己，但是又停不下来。通常来讲，轻视别人的人通常都是有着过人的能力、恃才傲物的人，这种人的性格一般比较强势，去讨好他们无非就是想要他们对自己刮目相看，即使这种行为会让自己感觉很不舒服。归根究底，还是因为不够自信，心里藏着自己都没有发现的自卑，于是就只能通过这种讨好其他人的方式来建立自尊。

事实上，他们在帮助过人以后，在意的并不是被帮助的人是否会因为自己的帮助而变得更好，而是自己是否会得到这些人的赞扬，他们更在意的是自己是否会因此而过得更好。他们助人为乐的目的主要是为了博取大众对自己的认可，使自己可以获得更多好人缘，让自己变得更加自信。虽然很疲惫，可是一旦得到了他人的称赞，他们就会非常高兴和满足。"但行好事"是老好人的行为准则，但他们并不会选择"做好事不留名"的行为。

其实每一个人都有存在的意义，幸福应该是从自身获得的，而不是通过这样一种奉献自己讨好别人的方式。真正的幸福是把握在自己手中的。

不要让你的好心变成理所当然

有人说过这样一句话："好人都是被架上去的，一旦架上去就下不来了，所以只能一直当好人。"当好人所要承受的压力和负担太重，稍显疲色，就很可能从一个大家口中的好人，转瞬之间沦为一个坏人。

艾薇很擅长做饭，大家都对她做的饭菜赞不绝口，于是每次聚餐活动，艾薇总是会亲自准备饭菜，她常常一个人忙碌，其他人却在闲聊、玩耍。

卢克很擅长修理家电，而且为人友善，每次去邻居家聊天时，总会帮他们把家里出问题的家电修理好。久而久之，邻居们只要家电有问题，就会去找他。

有一个老奶奶，对人很热情，总是帮邻居做一些力所能及的事情，比如帮忙看一下孩子、照看一下没有人的房子等等。慢慢地，这个老奶奶每天的生活就变成了帮邻居照看物品了。

……

如果艾薇有一天不舒服，没去为大家准备饭菜，也没有向大家说明情况就坐下来休息，那么大家肯定想：这个人怎么这样，做个饭又不难，真自私！

如果有一天卢克去邻居家聊天的时候，没有帮忙修理电器，那么邻居肯定想：架子这么大，难道我还得求着你给我修吗？

如果有一天这个老奶奶临时有事，没办法帮邻居们照看物品了，邻居们一定会埋怨老奶奶：为什么能帮别人照看，到我就不行了？既然不想帮忙，平日里做样子给谁看啊？

人就是这样，好事做得多了，一旦不做好事，就会收到比普通人更多的谴责。

因为大家习惯了你对他们的好，时间久了，就会认为这是理所当然的，只要你有一点点做得让他们不满意，他们就会觉得你变了，没有以前那么好了，然后就会对你心生不满，从而对你进行强烈谴责。这样的话语自然会让你感到难过，让你备受压力，于是你就只能继续当一个"好人"，想要停下来就成了一件非常困难的事情。而且长期积压负面情绪，很可能会让自己积郁成疾，使自己的身心健康受到影响。

有一个人心地非常善良，他家附近有一个流浪汉，他每次经过那里，都会给这个流浪汉不少钱。一开始，这个乞丐还不停地道谢，后来连个"谢"字都不提了，因为就算是眼皮都不抬，他也能拿到钱。

后来好心人忙着结婚，就有一段时间没来给乞丐送钱。等他忙完了再来的时候，那个乞丐居然很不高兴地埋怨他："你这阵子去哪了，为什么不来给我送钱了？"这个好心人心生内疚，不好意思地说："刚结婚，我手头有点紧。"不承想他话音刚落，那个乞丐居然愤怒地指责他："你说什么？你竟然拿着我的钱去结婚了！"

故事说起来很讽刺，却发人深省，这也告诉我们，做好人不一定会有好报，很多时候，别人会把你的好心当成理所当然。其实，这样的事在日常生活中非常普遍，家人或朋友总有把我们的好意当作理所当然的时候，只因我们对于他们的好太过频繁。

乐于助人是好事，但是如果被认为是理所当然，那性质就不一样了，因为你的大度和善良会助长人的贪念，久而久之，他们会变本加厉地要求你对他们更好。即使他们会称赞你，但是也仅限于你对他们有所帮助的时候，而他们心里未必就真的对你有好感，也未必真的感激你为他们所做的一切。

想要当一个好人，也要看清楚你所帮助的对象，不要太过于盲目，不然很容易被一些不怀好意的人利用，让自己的好心最终伤害了自己。

不过，也有一部分人，总是喜欢利用自己"好人"的身份，给身边的人施加压力。其实这类人并不能算是真正的好人，他们往往只会通过委屈或者是伤害自己的方式来支配和掌控其他人。

有一个全职太太，她的家庭条件非常好，但是她本人却十分节俭。她每天只买二两肉和一小把青菜，然后自己不吃，全都省下来给丈夫和女儿。她还因此感到十分骄傲自豪，认为自己为这个家庭牺牲了很多，如果没了自己，这个家庭就没办法继续维持下去。丈夫对她的这种行为实在是无法理解，后来终于忍无可忍地说："咱家条件虽然不是特别好，但也不至于肉和菜都吃不起，你这是做什么？"

这个全职太太就不是一个真正的好人，但是她却自认为自己是一个好人。其实这类人的心里都有这样的念头：我牺牲了这么多，忍辱负重都是为了你们好，你们享受着我对你们的好，会不会觉得亏欠了我？是不是觉得很惭愧？

然后，他们就会利用别人的这种愧疚控制别人，达到掌控和支配别人的目的，并不在乎这些"被关爱"的人的感受。不过，虽然她内心深处是为了掌控家人，但是她还是会为了丈夫、女儿牺牲自己，所以这也算是好人综合征的一种。

法国有一对夫妻，他们生活得还不错，后来为了帮助流浪汉，他们把自己的家让了出去，当作流浪汉的救助站。夫妻俩有三个孩子，都很小，孩子们都没自己的房间，吃得也很差，有时候甚至吃不饱，因为他们的家已经被流浪汉所占据，吃饭的钱也拿去救助这些流浪汉了。

这种为了帮助别人，不惜牺牲自己和亲人的利益，让自己和亲人受苦，甚至把一家人逼入绝境的行为是很不理智的。他们太过于渴求来自外部的认可，以至于混淆了亲属关系，分不清轻重缓急，连自己的亲人都不管不顾了，这究竟是无私还是自私呢？

帮助别人不能太过极端，凡事量力而为，不然很容易让好事变成坏事。

古罗马皇帝马可·奥勒留在著作《沉思录》中说："不要把时间浪费在讨论谁是好人上，而是要去当一个好人。"做好人的时候，好好思考一下，把握好度，不要让好事变成坏事。每个人都有自己的人生，谁都不是为他人而活的，我们也要把自己的好心适当收一收，不要让自己对别人的好心和付出变成理所当然。

要做好人，首先要做好自己

好人综合征在日常生活中非常常见，成因也有多种。有些人希望在别人心中打造完美的自己，希望所有人都能喜欢自己、赞美自己；有些人性格比较软弱，不好意思拒绝别人的要求；有些人讨好别人，是为了不让自己成为大家所排挤的对象等等。当然，也有一些人在帮助别人的时候并没有考虑那么多，只是觉得既然自己力所能及，能帮就帮了，有时候事情有些费力，答应了也就只能努力去做。

很多人并没有意识到这种心理带来的问题，即使有人意识到了，也不知道如何去纠正。想要纠正好人综合征，还需要自己去努力。

首先要正确地认识自己。人应当先了解真实的自己，不要被外界所影响。要了解自己的处境，明确自己想要的是什么、需要的是什么、追求的是什么。知道自己想要成为一个怎样的人后，再决定自己应该怎么做。一个人只有真正地了解自己，才能够做真实的自己，让自己保持一个轻松愉悦的状态。

按照心理学家的说法，在压力比较小的状态下，人才可以做出比较积极的决策，所以任何时候都不要带着悲观的情绪去考虑事情，这样不但对自己没有任何帮助，还会让自己陷入天人交战当中。当你有一个健康的心态，知道如何去正确地面对这个世界、爱这个世界，想要真正为这个世界贡献自己的一份力量的时候，才能够更好地去帮助别人，更好地爱自己。

其次是要接纳自己。很多人并不能接纳那个不完美的自己，所以才会通过帮助别人的方式来获得认同，以此来满足自己。每个人都有缺点，同时也都有存在的意义和价值，并不需要羡慕别人。事情没有百分百的完美，人更不可能完美无瑕。不要对自己提出太过苛刻的要求，不要总觉得只有为别人做些什么才能获得认可，自信一点，说不定别人也羡慕你呢？

最后要改变自己。可以先从自我满足方面入手，做一些能让自己开心的小事，并从中找寻自己的价值，让自己给自己带来快乐和满足，不要用满足他人来"讨好"自己，一个人首先要有能力让自己满意，才有余力令他人满意。

针对这种情况，应该一步一步地去挖掘自己深层次的需求，慢慢地去改变这种为了取悦他人而不惜违背自己意愿的思维模式和行为习惯。比如，如果有人对你提出过分的要求，不要再考虑对方的想法，尝试着拒绝他；同事天天都让你带早餐，勇敢地打电话给对方，告诉他今天你很累，不想早起去排队买早餐了；不想去参加同事聚餐，就告诉他们你今天要回家陪父母吃饭。

一次成功之后，你就会越来越有勇气拒绝别人，慢慢地就会发现，其实拒绝别人并非一件难事。遵从自己的内心，诚实地说出自己的想法，并在这个过程中一步一步地做回自己。

当你从身边的小事做起，慢慢开始改变自己的时候，就会发现你与周围的人之间正在形成一种新的关系。他们会渐渐习惯你的改变，而你也会逐渐接近那个真实的自己。

在别人找你帮忙的时候，不要急着答应对方，多思考一下，给自己一个考量的机会，留出选择的时间，认真思考一下自己的日程安排，你没有必要为了帮助别人而耽误自己的正事。

如果没时间或是自己并不愿意去做，不要因为拒绝而慌张，开诚布公地说明你的想法和情况就好，记得语气一定要委婉，避免给双方造成误会。拒绝的同时可以给对方提出一些建议，这样对方会察觉到你对他的重视，而且也能给对方提供一定的帮助。

如果要帮忙，也要看看被帮助的人是不是值得你帮忙，警惕那些只会索取的人，他们会贪得无厌，直到榨干你对他最后的一点剩余价值。

坦诚地面对真实的自己，以自己真实的一面去对待他人，不断地改变自我，认识自我，早晚能够成为我们想要成为的那个自己。

做好事会耗费一个人的时间、精力或者是金钱，但是也会让一个人的内心更加充实。真正的善意是发自内心的，不会因为外界的影响而有所改变。多体会事情积极的一面，感受自己内心深处真正的善良，把握好做好事的度，放下老好人的包袱，远离好人综合征，让走在前进道路上的自己更轻松，看得更长远，然后去发现不一样的人生乐趣。

希望你能够继续善良地对待他人，同时还能坚定地做好自己。

Chapter 12

冷漠不是一个道德缺陷，而是一种心理的"疾病"
——冷漠心理分析

这是一个飞速发展的时代，然而发展得越快，带来的矛盾和问题也就越多，慢慢地，社会上出现了一种现象：集体性冷漠。就是当有人遇到困难的时候，周围的人都冷眼旁观，没有人愿意伸出援手。好心一点的会帮忙报警，大多数人则直接选择了回避。而且旁观者越多，伸出援手的人反而越少。难道这个社会真的变得越来越冷漠、越来越麻木了吗？

　　人并非一出生就是冷漠的，曾几何时，这个世界充满温情和善良，就算是有人展现出了卑劣的一面，也只会被划为特例。突然有一天，人们纷纷戴起了面具，变得自私、无情，是什么让人们变得如此冷漠呢？

　　一颗炽热的心如果遭遇了太多的背叛与冷漠，会逐渐凉下来，而在一个冷漠的社会之中，所有人都将会是受害者。

没有人伸出援手，到底是谁的冷漠

如果你在路上看到一个老人摔倒了，会不会过去把他扶起来呢？或许在以前，路上有老人摔倒或者看到小孩受伤还会有人走上前帮忙，而现在，大家看到这种情形却唯恐避之不及，仿佛面前的是洪水猛兽。是什么造成了这种情况呢？

如今的人太会演戏，碰瓷、讹诈的事情屡屡发生，这样的"苦情剧"几乎每天都在上演。总会有人利用别人的善良和好心，时间久了，大家看多了令人寒心的事例，原本热情的心也就慢慢冷却了。于是，当人们再次遇到这种情况的时候，就会产生事情是否属实的疑虑，从而停下伸出援手的脚步。

而且一些不良媒体只知道制造噱头，根本不在意是否会对社会造成严重的负面影响，人们看到这样的报道，更不敢再去帮助别人了。

更加可悲的是随之而来的道德沦丧，因为欺骗的存在，导致人与人之间失去了信任，让原本好心善良的人寒了心，从此再也不会去主动帮助别人。大家变得越来越冷漠，使得一些真正需要帮助的人，失去了原本可以得到的帮助，就此形成了一个恶性循环。

有人在路上捡了钱包，然后原地等了失主几个小时，失主找过来的时候，非但没有感谢，反而诬陷拾金不昧者拿了他钱包里的钱；

有人看到抢劫事件，上前帮忙，结果发现抢劫的和被抢的是一伙的；

有人在车站看到人哭诉钱包丢了没钱买车票回家，好心地把身上带的钱给了他，结果那人拿了钱，转头就去隔壁的餐馆点了一大桌子菜。

......

这样的事情屡见不鲜。见义勇为存在的风险太大，成本太高，帮助人或许还会被诬陷、被讹诈，在这种情况下，谁还会再去助人为乐呢？哪怕会受到良心的谴责又如何，万一那个需要帮助的人是骗子呢？现在的人们，已经习惯了在帮助别人之前，先思考一下帮助别人的代价。

没有人情愿冷漠，在很多情况下，都是因为不知道自己的善举会不会得到保护，无法预料这一切所带来的后果。所以在无法明确结果的时候，大部分人都会选择在行善之前先保护好自己。

有个女孩在脸书上更新了一条信息，说想要自杀。女孩的朋友还有一些热心网友看到以后纷纷劝阻她，让她不要想不开，生活还是很美好的。回复信息的有好几千人，可是却没有一个人打电话给这个女孩，最后这个女孩还是自杀了。女孩的母亲哭着说："我就想不明白，为什么这么多劝她的朋友里面，没有一个打电话给她呢？"这件事情在当时引起了广泛的关注。

其实，这个世界上没有人有义务去帮助别人，但是如果你真的遇到了困难，需要别人帮助的时候，还是会有很多人会伸出援手的。不过他们在帮助你之前，也会根据情况作出自己的一番考量。

举个例子，在你需要帮助的时候，你的身边刚好有一个人出现，那么他帮助你的可能性是非常大的。因为如果他不帮忙，他的内心会产生很大的道德压力；如果人多的话，大家都可能会帮忙，但似乎都会等别人先站出来，尤其是有了"碰瓷儿"的先例之后。

人们对于这个世界的认知，绝大多数是由每天接收到的各种各样的信息所决定的。救人于危难是约定俗成的道德标准，但有时候反而得不到广泛的传播；像是"碰瓷儿"、"见死不救"这样的负面新闻，因为与大家所了解的常态相悖，更容易被人们所讨论和传播。负面的事情看得多了，热情的心凉了，人也就慢慢变得冷漠了。可怕的是，冷漠似乎会传染，并且会蔓延。

冷漠是世界上阻止人们相互交往的最有力的工具，冷漠的人形成冷漠的环境，而冷漠的环境也造就冷漠的人。渐渐地，这个世界上的人情越来越淡薄，人们只关心自己的利益会不会受到损害。

美国纽约的一所公寓楼下发生过这样一个案例：一位年轻姑娘在回家的路上被歹徒盯上，歹徒想要谋财害命，这个姑娘拼命大叫着救命，公寓里的住户们听到声音纷纷打开灯查看，有的还打开了窗户。歹徒一看情形不对，于是放开这个姑娘逃跑了。没想到在大家以为事情就这样结束了的时候，歹徒居然去而复返，姑娘再次大喊大叫，引起了住户们的关注，歹徒看有人出来，再次逃走了。这个姑娘以为这次歹徒不会再出现了，于是加快脚步向家里走去，没想到她走在楼梯上时，歹徒第三次出现了。这一次，她再怎么大声呼喊都没有人开门出来查看，她被杀死在楼梯上。在窗前观看的住户有几十个人，却没人开门走上前帮助她，甚至没有人打电话报警。

这件事在美国引起了很大的轰动，同时也让社会心理学家对此进行了深度的思考和研究。他们称这种许多人旁观却无人上前帮忙的现象为"责任分散效应"，在其影响之下，人们的责任心会随着目击证人的增加而渐渐降低。人们在对待事情的时候，会因为这种责任分散的心理而变得麻木。如果周围有很多人，那么人们在看到有人遇到困难或者危险的时候，会生出一种"人这么多，肯定会有人去帮忙，不一定非得我去"的心理，而最终的结果就是谁都没有上前帮忙。

心理学家为了搞清责任分散效应的成因，展开了大量的调查。他们发现，责任分散效应并不代表社会道德水平的降低，也不能说明人们没有道德感和责任心。

比如，有人遇难，需要帮助时，在现场人很多的情况下，帮助受难者的责任就分摊到了四周每个人的身上，这种时候，大家都会产生一种"就算我不去帮忙，也会有人去帮忙"的心理，然后就造成了集体冷漠的情况。但是如果现场只有一个人，他就会产生明确的责任感，也会尽力去帮助这个受难者。因为他不施以援手的话，自己的良心会受到强烈的谴责，而这种愧疚的心理会长久

205

地伴随他，他并不愿意看到这种结局。

人们之所以会变得如此冷漠，主要原因还是害怕在见义勇为以后会给自己惹来不必要的麻烦，所以即使受到良心的谴责，也不愿意伸出援手。

究竟是什么让人们变得冷酷无情

人们追求自我，时常会谈论自己的理想抱负，批判世间人性的丑恶，质疑社会规则的不公正，俨然一副"世人皆醉我独醒"的姿态。但是当人们蓦然回首，却发现不知道从何时开始，自己已经习惯了表现出一副冷漠的神情。

也许在最初的时候，人们见到乞讨者还会施舍一些财物，可是后来发现有一些乞讨者竟然是职业乞丐时，便不再继续这种善举，即使再度看到一些乞讨之人，也只会远远避开。一开始，人们心里或许有些过意不去，但后来便慢慢习惯了，并就此学会视而不见，内心再也掀不起任何波澜。

对现代人来说，大多数人都习惯小心谨慎、低调做人，所以在遇到有陌生人受伤或者是遇到困难的时候，都会选择谨慎对待，而这种谨慎对待的方式，就是冷眼旁观或视而不见。总体而言，集体冷漠的现象大多是由于人们过于谨慎，遇到事情考虑太多造成的，并不代表良心和善心的丧失。

人们的善心一旦被利用，人与人之间的信任也就一点点消失了，人心的冷漠也就此形成了。

虽然我们常常会感慨社会道德的沦丧，但是如果每个人都从自身做起，提高个人的道德水平，那么整个社会的道德水平一定会得到相应的提升。如果只知道批判他人而不在乎自身道德，那么一切就会成为空谈。

生活中，有很多见义勇为者反被诬陷、讹诈的新闻，这些道德缺失情况带来不良影响的同时，也给大家传递了一个错误的思想——见义勇为是有着极大风险的。出手帮忙还要挨打，运气不好的话，或许在见义勇为的时候会让自己受重伤，不仅劳动能力没了，还将面临着巨额的医疗费用。想一想，这种吃力不讨好，反而要付出巨大代价的行为，有多少人愿意去做呢？于是，很多人即使要背负良心的谴责，也不愿意去冒险帮助别人。

人们趋利避害的心理是与生俱来的，在面对一些事情的时候，往往都会优先考虑自己的利益，选择对自己有利的一面。面对那些对自己不利的事情，为防引火烧身，人们往往都会选择逃避。那些遇到事情喜欢围观的人大多都抱着这种趋利避害的心思，集体冷漠的现象也就这样慢慢形成了。

比如，看到车上有人持刀抢劫时，大家都想去制止，但是一看到歹徒手里的刀，就害怕自己被歹徒伤到，于是只能沉默不语。人群对于行恶之人的无视和沉默，反而助长了他们的嚣张气焰。

人们或多或少都会有一些自私的心理。有些人看到别人需要帮助的时候，会觉得这个事情与自己无关，似乎自己也没有理由必须去帮忙，多一事不如少一事，还是保证自己的利益和安全更为重要一些。这一类型的人在遇到与自己毫不相关的事情的时候，往往只会站在边上看热闹。但是他们或许没有想过，如果是自己遭遇了这样的事情，周围的人假装没有看到，是不是也会感到无助和绝望？真正可怕的不是恶行本身，而是对于恶行的视而不见和沉默。

还有一些人在遇到需要自己去帮忙的突发事件的时候，总觉得自己能力不足，无法处理这个事情，于是只能保持沉默。举个例子，当你看到路边有人在斗殴，想去帮忙时，忽然想到自己不会打架，口才也不好，觉得自己去了也是白去，而且说不定还会惹祸上身，于是选择转身离开。这样的心理，也是导致集体冷漠的一个原因。

你对他人冷漠，他人对你也冷漠。如果让冷漠变成一种习惯，那么人就会变得麻木。要知道，集体冷漠不仅仅是对于受难者的二次打击，更是对社会上每一个人的伤害。人的生活脱离不了社会这个集体，只依靠自己孤军奋战是走不远的。社会之所以能够进步，正义之所以能够得到捍卫，依靠的就是集体的力量，不要让这种力量被冷漠蚕食。

社会或许有一些黑暗的角落，但是光明仍旧存在，不要冷漠地对待这个世界，要知道，如果所有人都能像太阳一样照亮自己身边的人，传递更多的美好与爱，那么这个世界也会变得更加光明。

给冷漠分门别类，你是否会对号入座？

冷漠是什么？从心理学上来讲，冷漠就是指对一切都不在乎，是对待他人时冷淡默然的心态。

在一部日本电影里有这样一个片段：一个人遭遇了校园暴力，与他平日里相处融洽的同学和朋友都选择了袖手旁观，出手相助的却是班上一个特立独行的人。冷漠，一直都是患难见真情的试金石。

言行举止都冷冰冰的人，看起来似乎并不好接近，但是内心却可能藏着一颗火热的心；表面看起来热情开朗的人，也有可能是为了掩饰自己内心的自私和无情。

冷漠其实有很多种。首先是受伤型的冷漠，造成这种冷漠的原因是对于现实的无奈与心寒，也就是人们常说的"一朝被蛇咬，十年怕井绳"。做了好事反而被诬陷、被讹诈，以至于人们都不敢再去做好事了。

一个小孩独自在路边玩耍时，不小心撞到了停在路边的一辆小汽车，他倒在地上喊疼。有好心人路过看到了这一幕，就把小孩送到了医院。没想到，小孩的父母赶到医院，一口咬定是这个好心人开车撞倒了自己的孩子，甚至还动手打了这个好心人。

好心人试图跟小男孩的父母解释，小男孩的父母非但不听，还出口讽刺："不是你撞的，你会送来医院吗？你有这么好心？"好心人百口莫辩，就在双方争执不下的时候，警察调取了当时的监控，这才真相大白。然而，小男孩的父母并没有因为自己的误会而向好心人道歉，甚至连句谢谢都没有。

明明做了一件好事，却挨打、挨骂、受诬陷，这样的事情是值得我们深思的。为什么这个社会上会有那么多人无视那些需要帮助的人，不是因为冷漠，也不是因为没有良心，而是因为做了好事或许会让自己遭受无妄之灾。长此以往，谁还愿意去做好事帮助别人呢？

其次是明哲保身型冷漠，造成这种冷漠的原因是缺乏对人的信任，有"多一事不如少一事"的心态。抱有这种心态的人有很多，他们不想给自己带来不必要的麻烦，也不想让自己因为帮助别人而受到伤害，所以他们选择明哲保身。

举个例子，有位老人被一辆超速行驶的汽车撞了，肇事司机扬长而去。被撞的人倒在地上，很多人都看到了，却没有人上前帮他。有个年轻人用公共电话叫了救护车，然后把肇事司机的车牌号写在纸上，走到受伤的老人跟前，把纸条塞到老人手里就离开了。这个年轻人为何会选择以这样的方式来帮助这位受伤的老人呢？他为什么不直接把受伤的老人送去医院呢？事后，这个年轻人说："如果我把老人送去医院，说不定会被当作肇事司机，我不想给自己惹来这种不必要的麻烦。"

在这种特定的情境之中，人们总是会不自觉地先为自己着想，因为看到了太多"碰瓷儿"的例子，这让大家不约而同地选择了明哲保身。造成这种冷漠的根本原因是社会信任的缺失，越来越多的负面消息，让人与人之间的信任降到了最低，大家自保的心理也变得越来越重。

再者是看客型冷漠，这种冷漠是一种"事不关己，高高挂起"的心态，这种类型的人绝对不会去给自己找麻烦。

一个在餐馆打工的少年失足落入了水中，立刻就被滔滔江水吞没了。周围有很多人都看到了，有四个好心人立马跳入水中进行救援，还有一部分人围在了岸边，他们并不是为了救援，而是对着前去营救的四个好心人嘲笑、起哄，甚至在看到他们呛水的时候，发出了一阵阵"嘘"声。当餐馆的临时负责人赶过去，找船救人的时候，那些有船的人居然坐地起价，开了离谱的价格。临时负责人做不了主，有些手足无措，救援无法继续进行。此时警察赶到了现场，经过协调，双方谈好了价格，但是打捞人员并没有认真去救人，而是在水里打捞一会儿就上岸继续协商价格，导致打捞的过程持续了两个多小时。最后，这位被打捞上来的溺水少年不幸身亡了。

这么多人围观，却不施以援手，甚至对好心人进行嘲笑，而打捞者在金钱和生命之间选择了金钱，这样的冷漠让人无比心寒。凑热闹是人之常情，但是光看笑话却不伸手帮忙，这样的看客心态实在有违道德标准。如果看客越来越多，其所带来的危害自然不言而喻。它会让人和人之间的距离感增加，人们会变得更加冷漠，整个社会甚至都将处在"人人自危"的不良状态之中。

然后是传染型冷漠。没错，冷漠是会传染的，而这种冷漠往往是跟风、人云亦云的结果。也就是说，人们在心里觉得，别人既然可以这么做，那我自然也可以这么做。哪怕他们知道自己的行为是冷漠的、不正确的，但是一看到有这么多人都做出了跟自己相同的行为，内心的忐忑和不安也就渐渐消失了。他们觉得就算出了什么问题，也有这么多人跟我一起顶着，还是随大流比较好。

之前有一则新闻，讲的是有三辆车撞到了一起，一位司机当场死亡。其中有一辆车装载着几百箱鸡蛋，撞车之后鸡蛋滚得遍地都是。路过的人非但没有帮忙救助伤员，反而忙着哄抢鸡蛋。最开始是一个妇女，后来又来了一个男人，慢慢地，哄抢的队伍不断扩大。由此，我们可以看出人们心中自私丑陋的一面，也见识到了"传染型冷漠"的疯狂与冰冷。

当一个群体都在做同一件事情的时候，身处群体中的个人就会丧失自己的理性思考，不自觉地跟着始作俑者一起行动。在这样的情况下，什么该做、什么不该做，这些都不重要了，人们为了防止自己吃亏，怕自己成为群体中的异类，只会选择把所有的顾虑都抛之脑后。

冷漠的类型其实远远不止这些，那么，你有没有冷漠心态，又是哪一种冷漠呢？

不要让冷漠寒了整个社会的温情

当人们习惯了集体性冷漠，就会认为所有人都是冷漠的，于是对这个社会越来越失望。这着实非常可悲，但也不应该就此对社会失去信心。虽然这个世界上的确存在一些冷漠的人，但是遇到好心人的几率还是很高的。如果社会和舆论能对这些好心人多多予以支持，温情就不会纵容冷漠肆虐。

曾经有人采访过那些好心人，他们的说法居然惊人的一致："我只是做了我应该去做的事。"他们在做好事的时候，并没有把自己摆在一个高度之上，而是守住了自己的内心，并且遵循了内心的想法，因为在他们看来，这不过是举手之劳。然而在这样一个良心底线失守的社会中，这样的举手之劳看起来却十分难能可贵。

良心原本是人性最基本的组成部分，可是在这个物质文明飞速发展的时代，在这浮躁的社会之中，它却变成了需要被广泛弘扬的人类最为宝贵的美德。这一切都充分地暴露了人们在精神道德上的缺失。

人们常常谴责别人冷漠、见死不救，但是有没有人认真地想一想，自己是否也是这样的呢？如果遇到这些的是你，你是不是真的会伸出援手？说漂亮话，人人都会，可是一旦真的要落实到行动上，很多人就言行不一了。

地铁上有一个满脸疲惫的年轻人，因为没有给一位老人让座，双方发生了争执。周围的乘客指责这个年轻人冷漠，不懂得尊老爱幼。争执的过程被人录下来发到了网上，网友们纷纷指责这些乘客，说他们是道德绑架，如果他们真的这么好心，为什么自己不让座给老人呢？

东西是我的，我如果愿意让出来，那是给你的情分；可是如果我不愿意让出来，你也没有资格来谴责我。那些乘客不过是采用了道德绑架的方式，为自己的冷漠找了一个冠冕堂皇的理由。

作壁上观的确没有什么大错，大家都知道若无其事的旁观会比较轻松，可是有没有人想过，如果遇到困难的是你自己或是你的亲朋好友呢？而四周是一张张冷漠的脸，你会有怎样的感觉呢？

救人可能会让自己受伤、受委屈，但是起码无愧于心。冷漠的人内心也是冰冷的，他们往往会吸收周围人身上的热量，并且向外传播消极情绪，许多人都被这样的"冷漠"伤害过。

一个18岁的女孩，因为一时想不开，爬上了楼顶，想要自杀。然而楼下那些看热闹的人非但没有劝解，甚至还喊着"快跳吧""要跳赶紧跳"，简直就像一个个散布罪恶的魔鬼。把别人的生死当成娱乐项目，这样的哄笑与冷漠是多么的可怕！就在这一片令人寒心的冷漠之中，万念俱灰的女孩从楼顶一跃而下，结束了自己年轻的生命。

假如这些围观群众里有人劝解，用爱呼唤，说不定还能唤起女孩对世间的留恋。可惜，人们留给她的只是一阵阵的哄笑。

一名华裔女性在曼哈顿的一家奶茶店内被一名白人女子打伤。奶茶店里有三个店员，他们没有制止，也没有报警。面对受害者一遍又一遍的求救，他们给出的回应只是冷漠的面孔，甚至在白人女子打完人出门的时候，告诉她"请拉门，不是推"。

三个店员非但没有报警，还故意放走了凶手。冷漠无情的举动，竟然如此娴熟！试问，如果这个社会上所有的人都被冷漠占据了内心，那该是一件多么可怕的事情。有的时候，一个好人的沉默，比起坏人的恶行更让人心寒。

冷漠的看客比比皆是，这种现象甚至有愈演愈烈的趋势。人类文明在不断发展，人类的物质生活水平也在不断地提高，但是人们的内心却变得空虚、贫瘠。内心的冷漠导致了社会环境的冷漠，生活在社会中的每一个人便都会成为冷漠的受害者。为了我们的社会，为了我们自己，我们应该拒绝冷漠。

一个人只有拥有了助人为乐的高尚情操和见义勇为的行为实践，才会有奉献社会的勇气。道德和正义是我们所需要的，也是我们无论如何不能舍弃的，只要还有相信道德和正义的人，那么这个社会就不会那么冷漠。一颗爱心可以感染无数人，也能够传递给无数人；而一个人的冷漠同样可以影响无数人，也会伤害无数人。

不要轻易拒绝伸到你面前的那双求救的手，因为你的一个小小举动或许会将对方带出困境，让对方重拾对未来的信心。不要让良心离我们越来越远，希望我们所生活的这个社会能够少一点冷漠，多一点温情。

Chapter 13

可怕！自闭症可能演化为严重的精神疾病
——自闭症心理分析

自闭症患者只活在自己的世界里，三岁以前，自闭症患者的症状就会表现出来，这些症状将延续终身。以前人们对自闭症认识不足，许多自闭症儿童都被当作精神病人看待，如今，人们已经对自闭症形成了一定的认知。从 2008 年起，每年的 4 月 2 日是世界提高自闭症意识日，以此来提高人们对于自闭症患者的关注，以及鼓励对于自闭症的研究。

　　自闭症就像是在生长期生病了的果实，尽管我们一直在实施一些措施来进行干预，但由于没有特效药，它仍旧在带病生长。

　　而我们现在所能做的，就是帮助这些自闭症患者更好地生活、更好地发展。我们需要改变自己的认知，真正做到了解这些自闭症患者，并给予他们理解和关心。

迷失在个人世界中的自闭症孩子

美国约翰斯·霍普金斯大学的卡纳医生在日常的观察中发现，有一些孩子几乎不与其他人交流，即便偶尔进行交流，效果也非常差。于是他开始对这些孩子进行研究。1943 年，卡纳医生将这一症状命名为"婴幼儿自闭症"。

自闭症，又称作孤独症，主要表现为人际交往障碍，不愿与他人进行情感交流；沉默寡言，语言表达存在不同程度的障碍；兴趣爱好狭窄；有怪异、重复、刻板的行为和活动模式等等。

在美国，每150 个儿童中就会出现一个自闭症患者，如果再加上成人自闭症患者，有上百万之多。最初，自闭症的男女发病比例是3：1，现如今，从全世界范围来看，大部分专家都倾向于男女发病比例为4：1，男性发病比例明显高于女性。

自闭症早期主要表现为无法与他人进行沟通和交流，无法建立正常的社会人际关系。患有自闭症的儿童并不会像正常儿童那样能够运用自己的肢体动作、语言表情来与其他人进行交流，他们往往沉浸在自己的世界中。很多家长都以为这是因为孩子的性格比较内向，常常等孩子到了一定的年龄才会对此有所察觉。

自闭症患者本身没有独立交往的能力，所以他们无法根据自身所处的环境来调整自己的行为方式，这一点随着他们年龄的增大而愈发突出。他们的日常生活、工作和学习都会受到一定的影响，严重者甚至无法自理，只能依靠父母亲人照顾。

养育一个患有自闭症的孩子，对于一个普通家庭来说所承受的压力是常人难以想象的。在父母把患有自闭症的孩子送到学校时，如果遇到了一位尽职尽责的老师，那么这个老师所面临的难题也不会比孩子的父母更轻松。

泰国公益广告《听从我心》是根据真实的故事改编的，广告讲述了一个患有自闭症的男孩在老师的帮助下，慢慢改善了自己的病情，可以同其他孩子在一起学习，并且长大成人之后成了一名教师的故事。

患有自闭症的孩子或许对这个色彩斑斓的世界充满好奇，但是这个世界却让他们感到迷茫，不知道该如何前进。自闭症患者对感官刺激要比正常人敏感，尤其是触觉和听觉。也许在我们听来只是小小的声音，可是在他们的脑海中，这种声音会被无限放大，从而给他们带来不适。研究表明，50% 的自闭症患者对感官刺激存在强烈的负面反应。他们所感知到的世界与常人是完全不同的，但是这些孩子却不能理解其中的原因。

这些患有自闭症的孩子无法向其他人表达他们眼中的世界，也无法融入到其他人的世界，这像极了漆黑的夜空中独自闪烁的星星。所以在心理学上，往往会将患有自闭症的孩子称为"来自星星的孩子"。

患有自闭症的孩子往往都缺乏安全感，而《听从我心》中的女教师的一举一动，仿佛一道璀璨无比的光芒，照亮了自闭症男孩漆黑的夜空。

如果患有自闭症的孩子找到了一个可以让他全身心信任和依靠的人，那么这个人说的每一个字、做的每一个举动都会点亮这个孩子的人生，为他指明方向，引导他走出心中的那个迷茫的世界。

广告中的小男孩因为遇到了这样一位好老师，他的一生有了转机，从此步入正轨。那么当我们遇到了这样一个患有自闭症的孩子，是不是也能够照顾好他，让他的人生出现转机呢？

走进"星星"的世界，探寻自闭症的成因

科学研究表明，自闭症的形成与一个人的生活方式、后期的家庭教育、家庭收入没有关系，它是一种先天性的疾病。

生物学上的改变引发了自闭症，由于神经系统的发育受到了影响，致使一部分机能区域出现异常，各个机能区域之间的相互协调也出现了异常。于是人体机能出现了异常的表现，整体功能也出现了失调的迹象。比如，人际交往障碍、重复的行为动作、言语障碍、理解能力障碍、感觉迟钝等等。

一部分移民美国的肯尼亚女性生育的孩子比其他同龄女性生育的孩子患有自闭症的几率要高，并且大多出现于受教育程度高的家庭中。但是，那些仍旧生活在肯尼亚的同龄女性所生育的孩子患有自闭症的几率却非常低。这得出了"移民家庭的子女患自闭症的几率高于非移民家庭"的说法。

美国加州是自闭症的高发区，尤其是硅谷，这主要与新移民家庭受教育程度高有一定的关系。在患有自闭症的儿童之中，新移民家庭的孩子占有很大比例，他们的父母都拥有高学历，且大多数母亲年纪偏大。

在孩子出生前后，父母都为孩子提供了物质环境和心理环境，这两者都会影响到孩子的生长发育。在母亲怀孕到孩子出生后的这段时间里，母亲的心理环境对孩子的影响非常大，甚至超过生理环境对孩子的影响。因此，想要降低子女自闭症以及其他精神科疾病的发病率，使育龄期的人的身心保持在一个健康的状态非常关键。

人类的很多疾病都跟心理因素有着密切的关系。比如，在母亲怀孕前后的这段时间，如果父母双方有一个因为压力过大引起了胃肠问题，这时候相应的基因就会受到影响，同时作用到孩子身上。自闭症儿童在肠胃方面的问题，或许就是这个原因。如果父母因为压力而"脱离"了群体，基因也会因为这种压

力的影响而产生变化，这或许也是自闭症儿童孤立在群体之外的一个原因。

父母需要检讨一下自己，看自己是不是总是争强好胜，是不是为了面子和利益总是过分焦虑，是不是完全不信任这个世界，是不是忽视过亲朋好友的感情，是不是追求了太多能力范围之外的东西？

如果是，那么这些父母往往是一种思想和现实操作能力严重脱节的人。因为他们从小到大几乎可以说是一帆风顺的，无论是学业还是事业都是同龄人中的佼佼者。他们几乎没有受到过批评，围绕他们的只有赞扬和掌声。于是很多人觉得没有什么事情是自己做不了的，没有什么目的是自己达不到的。

在生活上他们也显得很强势，而这些对于他们处理问题的能力，都会造成一定的影响，还有可能会让他们陷入困境，带来精神上的不安与困扰。如果在孕育孩子前后的几个月到一两年之内出现此类问题，很可能会影响到孩子的心理与精神。这些问题是从一个人自身的成长环境中带来的，而且家庭教育的失误也对孩子产生了很大影响。

有时候，一个人的野心会使人不顾一切地想要在自身所处的环境当中处于领先地位。而一个人想要站在高处，必须要付出努力。在怀孕前后，父母双方，尤其是母亲内心的压力，都影响着胚胎的发育。因为这种环境状况而产生的压力，在达成目的之前是无法得到宣泄的。有一些母亲在怀孕期间，自身带有非常严重的焦虑情绪，这有可能是造成自闭症儿童患有抑郁症并时常感到焦虑的原因之一。

美国一项研究报告指出，从他们所统计的 50 万名儿童的家庭背景来看，来自富裕家庭的自闭症儿童数量几乎是贫困家庭的两倍。在贫穷地区，自闭症的发病率也比富裕的地区低很多。

难道说贫穷能够预防自闭症吗？其实贫困家庭和富裕家庭之间最大的差别不是收入与受教育程度，而是每一个家庭成员的努力程度。富裕家庭的成员追求着更高的目标，所以他们每个人都要付出更多努力，承受的压力更大，面对的挑战也更多，而这种状态对他们精神心理健康状况造成了一定的影响。

人们在生活中的压力主要来源于自身不懂得规则、缺乏常识，或者是自身养成了太多的不良习惯。人们的常识和习惯大多是在幼年时期习得的，这些都已经牢牢扎根于人们的言行举止、思想和潜意识当中了。不良习惯是很难改掉的，如果还缺乏常识，往往会给自己带来麻烦。长此以往，自己就会失去在群体中的地位，慢慢地被所属的集体边缘化。

人与人之间存在共同的目标，才会积极合作，主动去弥补自身能力的不足。但是，在面对不良事物的时候，人们大多会保持一种反对或者回避的态度。不会有人愿意天天为另一个人去收拾烂摊子，就算是夫妻之间也不例外。

无论是集体中的领导地位出现动摇，还是家庭内部矛盾的升级，这些给人的压力都越来越大。而且可怕的是，许多时候我们并不知道为什么自己的所作所为会给自己带来烦恼，如此一来，就很可能会让自己的判断与决定出现失误，从而导致问题变得愈发严重，就此形成一种恶性循环。

当今社会发展得越来越快，人们所面临的压力也越来越多，并且逐步增大。在这些压力当中，那些无法释放的、隐形的或者是没有对外表达的压力，对人们的影响也越来越深。而这也必然会导致一些心理疾病的发病率逐步增长，甚至还可能潜伏在育龄妇女身上，威胁着下一代的健康发育。这也是即使处于如此优越的环境下，自闭症的发病率增长依旧如此迅速的重要原因。

自闭症的"边缘"：阿斯伯格综合征

1944 年，奥地利学者阿斯伯格发现，一些孩子虽然具备了语言能力，但他们却不知道如何与人进行沟通和交流。阿斯伯格把这种症状命名为"阿斯伯格综合征"。

8 岁的杰瑞是一个人见人爱的小孩，很小的时候，他就聪明过人，尤其擅长自然科学和数学，同学和老师都对他赞不绝口。杰瑞还是一个玩变形的高手，他有一双灵巧的手，他可以把自己的手指摆成火车的样子或是一个小机器人的样子。他常常为大家表演有趣的哑剧，并不会因为有人围观而胆怯。

可是杰瑞的父母却忧心忡忡，因为前几天，杰瑞的老师告诉他们，杰瑞几乎从来不与人对视，即使目光撞到一起，也会立即躲开。为了验证老师说的话，杰瑞的母亲让他在与别人对话时看着别人的眼睛，可是杰瑞却一口拒绝了母亲的要求。

杰瑞的母亲十分担心，她想起杰瑞三岁时的情形，那时的小杰瑞话很多，但是在语法方面却无论如何都抓不到要领。到了四岁的时候，杰瑞才学会阅读，但是依然理解不了这些句子的意思。对比杰瑞现在的种种状况，杰瑞的父母这才发现，原来看起来很聪明的杰瑞，实际上患有心理疾病。

之后，杰瑞的父母咨询了心理医生，医生告诉他们，杰瑞患有阿斯伯格综合征，这一消息对于杰瑞的父母来说无异于一个晴天霹雳。原来，杰瑞的亲哥哥在两年前就被查出患有深度自闭症，他从来都不敢与陌生人说话，还会把父母给他买的新玩具破坏掉。两个孩子身上出现了相似的问题，这让年轻的夫妇感到痛苦万分。

阿斯伯格综合征与自闭症类似，也是一种较为常见的儿童发育行为疾病，不过阿斯伯格综合征的发病率比自闭症的发病率要高。一万名儿童中大约有 7 名儿童是阿斯伯格综合征患者。

患有自闭症的儿童往往都存在大脑功能受损的情况，常常会出现智力低下的缺陷，患有阿斯伯格综合征的儿童则不同。后者的智力通常在正常范围之内，有的甚至高于正常范围。不过有学者认为，也存在智力有缺陷的阿斯伯格综合征患者。阿斯伯格综合征儿童的记忆功能基本完整，同正常人相比较而言，不会出现明显差异。而且在自己感兴趣的方面，他们会表现出非常出色的机械记忆能力。

患有阿斯伯格综合征的儿童都有"特殊的爱好"，且大多数是和自身的一些特殊才能有关。在这些孩子上学之前或者是上学期间，就已经表现出了对某些学科独特的兴趣，比如数学、自然科学、生物、地理等等。他们沉迷于这些学科，无论是同别人交谈还是参加活动，几乎都会围绕着这个主题，并且他们对于这些学科会进行更加深入地了解。

除此之外，他们有着十分丰富的知识，比如可以准确分辨各类花草树木，认识各式各样的机器、不同型号的汽车等等。通常，他们的某一种爱好会维持一两年，然后就会将兴趣投向其他方面。不过也有一些人比较特殊，他们的兴趣爱好会保持不变，甚至发展成自己终生的事业。

美国情景喜剧《生活大爆炸》中的谢尔顿就是一个比较典型的阿斯伯格综合征患者。他是一个智商超过18.的天才物理学家，有过目不忘的记忆力；他有一些强迫性的行为，比如坐沙发时，一定要坐在一个固定的位置；他还有一些刻板的行为，比如周一喝燕麦粥、周二吃汉堡、周三喝奶油土豆汤、周四吃比萨、周五吃法式吐司等等。不仅如此，谢尔顿的人际交往障碍也十分严重。但是谢尔顿却是幸运的，因为他的好友们对他不离不弃，他的母亲也一直关心、引导他。

患有阿斯伯格综合征的儿童通常会对自己身边的某些常规或者是某些事物存在异常的执念，他们做某件事的时候总是会坚持一种同样的方式，而且还会不断地重复做这件事。这些孩子的想象力、创造力会比同龄的正常孩子要差一些。即使偶尔对某种事物产生了新的想法，也是建立在现实的基础之上，几乎不会出现凭空想象的情况。

这些孩子还有一个特点——社交困难，在这一点上，他们与典型的自闭症有明显区别。他们虽然常常会被人评价为"以自我为中心"，但仍旧会与父母、朋友进行情感交流，他们并不缺乏与周围人交往的欲望，只是缺乏人际交往的技巧。

尽管没有语言方面的障碍，但阿斯伯格综合征儿童在使用语言时，还是有些与众不同。这些孩子说话十分"机械"，他们不懂得控制音量和语调，语速单一而刻板，有时候还会有自言自语、重复语言的行为。

这些孩子基本上不会使用口语或俗语，他们往往喜欢使用书面语和成语，说话显得文绉绉的。他们的语言理解能力有限，在他们进入高年级以后，交流开始变得复杂，很多问题就暴露出来了。由于这些孩子缺乏谈话技巧，总是习惯在聊天的时候把话题引到自己感兴趣的内容上，还不让其他人换话题，每次都占据聊天中心的地位。

阿斯伯格综合征的儿童大多缺乏幽默感，不能理解笑话或者与之相关的话语，这使得他们和别人之间的谈话很无趣。似乎是天生就没有理解和揣摩其他人心思的能力，他们不会观察别人的脸色，也不容易察觉其他人的情绪变化，常常无视别人的需求和愿望，更不用说去猜测别人的想法和行为了。对于他们来说，在交谈的过程中转换话题或者是把握结束聊天的时机是十分困难的，他们完全不会发现聊天过程当中出现的尴尬场面，也不知道如何与人沟通交流，致使他们引起对方的不快而不自知。这使得有些家长、老师认为他们是有意作对，从而引发矛盾。

所以，在群体环境中，患有阿斯伯格综合征的儿童常常会被其他人看成是"一个怪人"，无法得到大家的理解、不被接受。虽然这些孩子也渴望与周围的人交流、建立联系，但是由于缺乏人际交往和表达技巧，他们在与人互动和日常的人际交往中常常会显得力不从心，通常都以失败告终，这让他们时常感到失望和困扰。

患有阿斯伯格综合征的儿童往往动作笨拙，不管是大肌肉的运动，还是小肌肉的运动都是如此。有的患者在婴儿时期就已经表现出了运动发育的延迟，在进入幼儿期之后，这种情况就变得更加明显，尤其是做一些复杂动作的时候，比如攀爬、骑自行车等等，他们与同龄的孩子相比，显得有些笨手笨脚。这些孩子姿势奇怪，操作和动手能力比较差，有一些甚至连写字和画画都有些困难。不过，关于动作笨拙这一点，在阿斯伯格综合征的特异性当中，仍然存有争议。

阿斯伯格综合征在每一个孩子身上的表现都不尽相同，在同一个孩子的不同时间段里的表现也会不同，表现出来的程度也可能不一样。大多数时候，这些孩子给人的印象是：以自我为中心，喜欢我行我素，兴趣爱好比较奇特，人很聪明但是行为却很幼稚等等。不过，这些孩子的核心障碍却是相同的，那就是社交困难。但是由于阿斯伯格综合征儿童的语言能力和智力水平的发育情况基本正常，所以在早期，孩子的社交困难问题不太容易被老师和家长察觉。

自闭症患者为人父母真的只是奢望吗？

有人问："如果我得了自闭症或者是阿斯伯格综合征，是不是就不能要孩子了？"在很长的一段时间里，患有自闭症同时又为人父母曾被认为是一件不可能的事情。因为在那时候，自闭症被人们视为一种十分严重的失调病症，而且常常伴随着智力方面的缺陷。

由于自闭症科学研究对于自闭症父母资料的缺失，自闭症父母所得到的支持非常少，而且这个社会也没有对这些马上就要进入适育年龄的自闭症患者的到来有所准备。这些都让人们觉得，自闭症患者为人父母这件事是天方夜谭。

但事实上，有很多自闭症患者都已经结婚生子。据调查显示，全球有成千上万的父母被诊断出患有自闭症，但他们都如常人一般孕育了孩子。

当然，自闭症患者想要为人父母，势必会面临更多的困难和挑战。据调查，患有自闭症的孕妇比普通孕妇更容易产生抑郁情绪，她们常常会觉得自己很无助，却不知道应该找谁求助，还经常觉得自己无法做一个母亲。在培养孩子社交方面，这些本身就缺乏正常社交能力的人所面对的困难也就更大。但是，如果他们的孩子也患上了自闭症，那么他们在养育孩子上也许会比普通人更有经验。

患有自闭症的父母所面临的障碍有许多是因为他们自身的缺陷导致的，有些人的执行力有障碍；有些人沉迷于某件事情无法自拔，常常会忘记应该做的事情；有些人觉得每天带孩子对于他们来说十分艰难，因为要送他们去学校，还要给他们做饭、洗澡；有些人认为和老师交流是一件极为复杂的事，因为在沟通交流的过程中，他们要花费大量的情感和认知能力，尤其是一部分人还存在听力障碍，这就导致他们口头表达起来非常困难。在被调查的案例当中，有60%左右的人表示他们在与医生、老师或者其他人员交流孩子的情况时十分困难，这种状况让他们感到极为焦虑。

虽然为人父母的情感需求在一些情况下也可能会带来麻烦，不过他们却不像典型的自闭症患者那样对孩子十分冷漠，他们在很多时候都可以迅速地感知孩子的情感变化，可是却无法给予相应的回应。

通常带孩子的主要是母亲，这也让患有自闭症的母亲倍感压力。对这些毫无育儿经验，且不善与人交流的新手妈妈而言，她们几乎是孤立无援的。组织孩子聚会或者其他别的社交活动，都会给她们带来巨大的压力。"我认为，也许爸爸们去管这些会更容易一些。"一位居住在悉尼，有三个儿子的自闭症妈妈这样说。

可是患有自闭症的父亲们对此也倍感压力，一位患有自闭症的父亲说："患有自闭症的男人对于如何去完成一件事有着严格的标准，在我看来，这就像是一种颇为权威式的管教模式。"在他眼中，这些父亲们之所以这样严苛，是因为只有这样才能找到规矩和仪式感给他们带来的安全感，并不仅仅是为了让孩子臣服于自己。

也有一些患有自闭症的家长找到了一些相对简单的解决方式：使用网上的医生问诊服务而抛弃电话服务，开家长会的时候使用电子邮件而非当面交谈等等。普通人在孩子小的时候，可能会向他人请教育儿经验，但是，患有自闭症的家长们几乎不会从外界寻求帮助。虽然他们面对着诸多的问题和挑战，但是他们仍然觉得孩子可以帮自己更好地去应对自身的情况，甚至还有一些家长认为，孩子的出现成为一道能够帮助他们抵御孤独感的防御力量。

从目前来看，虽然尚未出现"成为父母可以改善自闭症症状"的相关研究，不过这个猜想具有正确性对于医生们而言却是毋庸置疑的。或许这其中最大的优势就是那些拥有同样患有自闭症孩子的自闭症家长，因为他们能够真正明白孩子的一些特殊行为代表了什么，也能理解孩子在想什么。

一位患有自闭症的母亲说，在同学们都乖乖坐在地上的时候，她8岁的女儿常常会把头抵在地上。后来她才发现，原来女儿是在通过把耳朵紧贴在地上这一方式，来听隔壁老师讲话。这位母亲说："作为她的母亲，我觉得她应该好好听课，但是，我却很理解她的做法。"这位母亲表示，自己小时候也会经常做一些在别人眼中看来很荒唐的事情。

自闭症家长可以对自己的孩子进行言传身教，能在自己和孩子之间架起一座桥梁，分享他们之间共同的困难。一位患有自闭症的父亲说，他的儿子有些时候会突然出现强烈的悲伤情绪，这种情绪来得毫无理由，这时候，儿子总会非常费力地想要表达自己的想法，却无法表达清楚。这位父亲能够理解儿子的情绪，因为他曾经也有过类似的体验。如今，他已经知道应该如何去应对这种情绪，他会让自己冷静下来，并且提醒自己这些情绪只是暂时的。当然，他也把这种方法教给了他的儿子。

最初的时候，大部分被诊断出来的自闭症都有着非常严重的症状，后来，对于自闭症的关注越来越多，加之诊断标准的扩大，"中度自闭症"的概念来到了人们面前。自闭症就此产生了程度轻重的差异标准，一些轻度患者甚至不知道自己身患自闭症，他们大多是因为自己的孩子被确诊为自闭症，通过间接检查得知自己原来也是自闭症患者。现如今，越来越多患有自闭症的父母在经历类似的情况，不过，最好在决定要孩子以前就先确定自己是否患有自闭症，这样才能对自己做父母的能力做出正确评估，也能够在孩子患有自闭症的时候从容应对。

德鲁是一位患有自闭症的父亲，他每天都不停地观察自己的状况，以保证自己在女儿需要帮助的时候，给她想要的一切。女儿出生之前，德鲁就找了很多关于自闭症的书籍，里面有很多人讲述了自己幼年时期被父母怀疑患有自闭症的不愉快经历，但是这些书里的父母们都没有被确诊为自闭症，而且也探究过患有自闭症的父母会给孩子带来什么样的影响。德鲁觉得自己的父亲可能就患有自闭症，他小的时候总是希望能够得到父母的表扬，可是父亲却总会批评他带回去的画。

一想到自己的女儿可能也要承受自己当初的经历，德鲁感到很难过，也很担心，于是他决定让自己做出一些改变。他开始强迫自己看一些喧闹的、色彩鲜艳的儿童活动，虽然这会让他感到难以忍受，但是为了女儿，他还是坚持下去了；在看到女儿沾了一手的果酱和麦片的时候，他成功地克制了自己的情绪，因为他不想让女儿像他一样，一看到杂乱的、黏糊糊的物品就感到极度的憎恶；对于女儿创作的每一个作品，德鲁都会加以赞赏和鼓励。

德鲁说："我花费了很长的时间去学习如何亲吻我的女儿，如何抱抱她，然后有一天我忽然意识到，我似乎从来都没有对女儿说过我爱她。这太奇怪了，可是这句话我的确从来没有说过，我觉得我现在需要有意识地告诉我的女儿，我爱她。"

无论是哪个父母，都有属于自己的优缺点，只不过由于自身患有自闭症，很多父母就需要考虑更多。一些在其他正常父母看来理所当然的，而他们却难以做到的事也要考虑到，无论是怎样合理安排孩子的一天，还是如何给予孩子更多的爱与关注。